歴史物語

私の反原発切抜帖

西尾漠

緑風出版

歴史物語り
私の反原発切抜帖

第Ⅱ章　こんにちは原発

3

「脱」か「反」か──核燃計画浮上とチェルノブイリ（一九八四〜一九九四年）

第Ⅲ章　さようなら原発

はじめに

水俣病を追いつづけた作品などで知られる記録映画作家の土本典昭さんが一九八二年に発表された『原発切抜帖』という映画があります。土本さんご自身の新聞記事スクラップから思いつかれたもので、画面に現われるのは新聞の紙面のみ。記事中の写真もありますが、今のように色刷りはなくて、すべてモノクロです。それを、新聞の質感を出すために贅沢をして、カラーで撮影しています。

古い新聞は、東京大学新聞研究所の協力を得て撮影されました。一九四五年八月七日付『朝日新聞』の「廣島を焼爆」(もちろん旧字です)という記事に始まり、時系列は行きつ戻りつして、いちばん新しい記事は八二年七月十九日付『毎日新聞』の「反核座り込み一ヵ月―米軍ミサイル試射場のクェゼリン環礁」だったと思います。その間三七年。原発と核兵器を放射能と「嘘と秘密」で重ね合わせる四五分の小品です。語りは小沢昭一さん。映画のパンフレットで、土本さんは書いています。

「切り抜きで映画は出来ないものか。半ば無謀としながら、それを打消すように案を遊ばせてみた。〝不人気〟な原発問題であれば、軽評論風がいい。捕物帖か落語風ではいけないか。『召し捕ったぞ』ものがたりではどうか。それには小沢昭一氏の語りに限る」(『原発切抜帖―現場記者の証言』青林舎、一九八三年)。

原発という無法者をユーモラスな落語風の語りで召し捕って退治しようという映画づくりに、当時の原子力資料情報室代表・高木仁三郎さんとともに協力をし、小沢さんによる語りの吹き込みにもおつきあいしました。土本さんも小沢さんも高木さんも故人となってしまいましたが、土本さんが二〇〇八年六月二十四日に亡くなられる二年近く前に「いま、又、新聞の約三〇年分の私の切りぬきをもとに〝プルトニュームの出現のスリラー〟的新聞切りぬきの映画をつくりたい」とのお葉書をいただきました。落語風捕物帖の次はスリラーかと、再びごいっしょに仕事ができるのを楽しみにしていたのです。残念ながら、それは叶いませんでした。

西尾流のスクラップとしては、スリーマイル島原発事故の後、『技術と人間』誌の連載コラム「クリティカル・ニュース」欄に原子力開発をめぐる動きの紹介をはじめたことがあります。いわば原発観察記です。備忘録代わりになるので、ありがたい連載でした。本書にも、似たようなことがあります。ほとんど忘れかけていることを何とか残しておきたいということで、引用も、他の人は引用しないだろうというものばかり取り上げています。

本書の企画は、ある友人とそんな話をしていることから生まれました。「クリティカルニュー

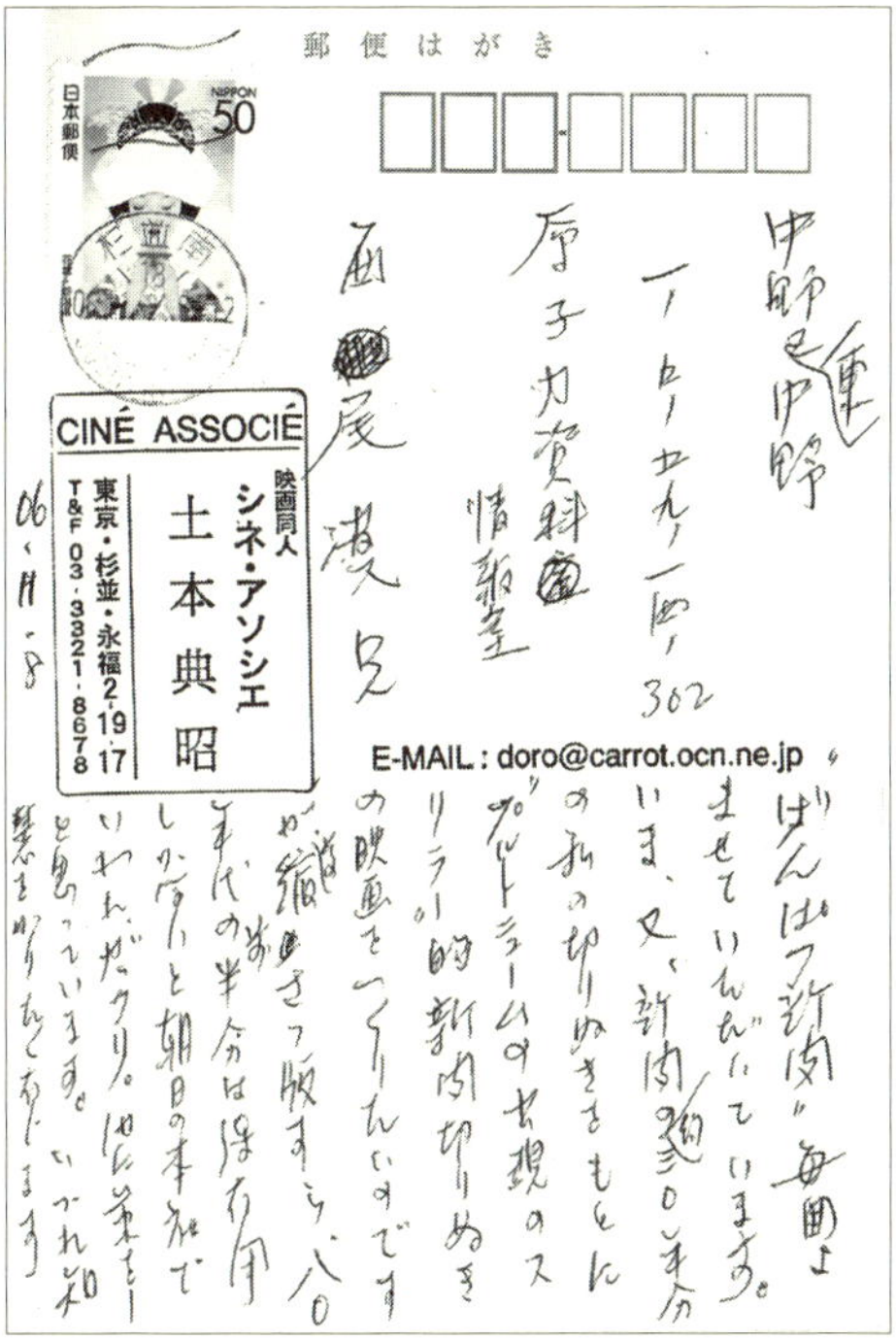

ス」の九年分をまとめた『原発の現代史』（技術と人間、一九八八年）を当事者の視点からの反原発運動の通史とし、『原発を考える50話』（岩波ジュニア新書、一九九六年、新版二〇〇六年）の語り口で遊び心も加えて――というのはどうだろうかと。そこで、土本さんが亡くなられた時の『はんげんぱつ新聞』二〇〇八年七月号に「映画ではない、別のかたちになるとしても、土本さんの想いを何かの形にできたら」と書いたことが頭に浮かびました。土本さんの映画の代わりに

なるとはとても思えませんが、多少なりとも別のかたちの「切抜帖」になっていたらと願って本書を書きました。

とはいえスリラーよりは、やはり落語風捕物帖に近いでしょうか。小沢さんには遠く及びませんが、文字での語りでご機嫌をうかがいます。笑って読んでいただけたら幸いです。なお本書では、「当時」とことわりのない場合も、組織名、市町村名や人物の役職名は当時のものとします。故人も多いのですが、特に明記はしません。「笑って」と言いながら、お名前を書きながら辛くなる方が少なくありませんでした。

第Ⅰ章　原発なんて知らない

1　私が生まれたそのころは——原子力研究禁止の時代（一九四五～一九五三年）

とおいむかし

一九四七年二月二日、日本の占領管理における最高決定機関だった極東委員会は、日本の原子力研究禁止を決議しました。四五年九月二十二日に連合国軍が禁止を命じ、戦時中に原爆開発の研究を行なっていた理化学研究所仁科芳雄研究室のサイクロトロン（加速器の一種）を十一月三十日、品川沖に投棄したりしたのに次ぐものです。

その一九四七年一月二十五日に、私は生まれました。ただし、「西尾漠《にしおばく》」というのはペンネームで、本名「柴邦生《しばくにお》」の誕生日です。研究禁止がそのままつづいていたら、おそらく「西尾漠」は誕生しなかったことになります。

ところが同年三月十二日の米トルーマン大統領による共産主義封じ込め政策宣言（トルーマン・ドクトリン）、六月五日の米マーシャル国務長官による欧州復興援助計画（マーシャル・プラン）提唱でのソビエト連邦（ソ連）排除、七月二十六日の米国家安全保障法成立、それらに対抗する十月五日の欧州共産党情報局（コミンフォルム）結成発表、四八年六月二十四日から翌四九年五月十二日までのベルリン封鎖、四九年四月四日のＮＡＴＯ（北大西洋条約機構）結成と、東西の冷戦が進行します。

そうしたなかで一九四九年七月十日、ソ連はカスピ海東方砂漠で最初の原爆実験を行ない、九月二十四日に原爆所有を公表しました。五一年十月三日には第二回の原爆実験、五三年八月十二日には第一回水爆実験とつづくのです。アメリカは、ネバダやマーシャル諸島ビキニ環礁、エニウェトク環礁で原爆実験を繰り返し、五二年十一月一日にエニウェトク環礁で第一回水爆実験を実施しています。イギリスの最初の原爆実験は五二年十月三日、西オーストラリアのモンテベロ諸島で行なわれました。

ソ連も原爆を保有し水爆にも手が届こうという中、トルーマン大統領は一九五一年十月三十日、友好諸国との原子力情報交換法案に署名、友好国への秘密解除で共産圏と対抗しようとします。同年九月八日に調印された対日講和条約、日米安全保障条約が五二年四月二十八日に発効すると、日本の原子力研究は解禁されることになりました。

それに先立つ一九五二年二月一日付『読売新聞』に、後に原子力資料情報室の初代代表となる武谷三男さんは、日本こそ原子力研究をと言挙げをします。より詳細に論じた『改造』一九五二年十一月増刊号から引用します。「日本人は、原子爆弾を自らの身にうけた世界唯一の被害者であるから、少くとも原子力に関する限り、最も強力な発言の資格がある。原爆で殺された人々の霊のためにも、日本人の手で原子力の研究を進め、しかも、人を殺す原子力研究は一切日本人の手では絶対行わない」。

武谷さんが『婦人画報』一九五二年八月号に「原子力を平和につかえば」と原子力の夢を語ったりしていたことを、山本昭宏『核エネルギー言説の戦後史一九四五‐一九六〇』（人文書院、二〇一二年）は図版入りで紹介しています。そんな時代だったということでしょう。

十月二十四日には、日本学術会議の茅誠司副会長・東京大学教授と伏見康治第四部（理学）部長・大阪大学教授の二人が日本学術会議に、原子力問題調査委員会の設置を政府に要請する案を提出しました。反対意見が多く撤回されたものの、代わって同会議に原子核特別委員会の設置が可決されています。

「世界最初」がいっぱい

そして一九五三年十二月八日、米アイゼンハワー大統領は国連で「Atoms for Pease（平和のための原子）」を提唱します。核の独占が崩れた中、むしろ「平和利用」と持ちつ持たれつで開

告げるのです。

発競争を有利にすすめようとの思惑がありました。こうして原子力研究禁止の時代は終わりを告げるのです。

世界最初の原子力発電はアメリカの高速増殖炉ＥＢＲ－１（一キロワット）ですが、原子力発電所（原発）としては、いろいろと世界初があるようです。一九五四年六月二十七日、まずソ連が初の原子力発電（五〇〇〇キロワット）操業を発表しました。五六年五月二十三日にはイギリス（五万キロワット）が、九月二十八日にはフランス（七〇〇〇キロワット）が、十二月二十九日にはアメリカ（九万キロワット）が、相次いで発電開始を発表します（いずれも、その時点ではフル出力ではありません）。

〝赤ちゃん〟の筆者（満一歳）

『ニュークリア・エンジニアリング』誌の一九五六年十一月号に「英ソの応酬」を揶揄した記事があり、日本原子力産業会議の『原子力海外事情』五七年一月号が紹介していました。英コールダーホール原発開所式でのソ連科学アカデミー会員トプチェフ氏のスピーチと英原子力公社ブラウデン卿の応答からの抜粋です。

トプチェフ氏「今日、創造的な目的のための原子力利用ということに対して、貴国が偉大なる前進をなされたことをお祝いできますことは、わたくしどもの衷心より喜びとするところであり、かつ、わがソ連におきまして世界最初の原子力発電所の完成をみまして後、今また貴国イギリスにおきまして、新しい巨大な原子力発電所の完成をみますことは、わたくしどものこの上ない喜びであります」。

ブラウデン卿「今日、世界最初の工業的規模の原子力発電所の始動に当りまして、かくも多くの諸外国の原子力計画の代表者の方々に列席して戴くことができましたことは、わたくしどもイギリス原子力公社の者一同の喜びであります」。

『ニュークリア・エンジニアリング』誌は、記事をこう結んでいます。

「各国それぞれの誇を満足させるために、こんなのはどうかね……、
世界最初の原子力発電場（Nuclear Power House）（ソ連）
世界最初の原子力発電所（Nuclear Power Station）（イギリス）
世界最初の民間原子力発電所（Civilian Nuclear Station）（アメリカ）」

——と、ひたすら年表を丸写しにしました。私自身、原発なんて知らなかった時代（まだ赤ちゃんです）のことですから、この時代は簡単にすませて、先に進むとしましょう。ここで言える

のは、原子力の発電利用はもともとが軍事技術（プルトニウム生産炉や原子力潜水艦の原子炉）から出発したことに加え、日本での原子力開発もアメリカの核戦略からはじまったということです。

2　昔の人は言いました――原子力開発のスタート（一九五四〜一九六三年）

或る日突然

まだまだ私は子どもです。小中学生ですね。小学生のころは弱虫で、女の子にまでよく泣かされていたとか、中学は不良たちが通学路に並んでタバコを吸っている前を通って学校に行ったけれど、なぜか彼らにはいじめられるどころか好意をもたれていたらしいとか（黄色い小口が目立つ早川書房のポケットミステリを読んでいるのを見て、万引きして持ってきてくれたり）、原発とは無縁の日々でした。

さて一九五四年三月二日、日本初の原子力予算が国会に提案されました。いわゆる「中曽根札束予算」です。前日の三月一日、アメリカによるビキニ環礁水爆実験で第五福竜丸など多くの日本漁船が被災したことは、まだ日本に知られていません。

一九四五年八月六日の広島原爆のきのこ雲を海軍士官として赴任していた高松で目撃したという中曽根康弘衆院議員は、前述のサイクロトロン投棄に衝撃を受け、対日講和条約に原子力の研究禁止が盛り込まれないよう、占領軍のマッカーサー元帥や条約作成のための調整に来日したダレス米特使に働きかけていました。一九五三年には米ハーバード大学の夏季国際ゼミに出席、また、米ローレンス研究所にいた嵯峨根遼吉博士（のち日本原子力発電副社長）から日本の原子力開発について助言を得たりしていたといいます。

「中曽根札束予算」は、「学者がぐずぐずしているから札束でひっぱたいてやった」と中曽根議員が言ったという逸話に基づいていますが、ご本人は「自分ではなく、稲葉修議員の発言だった」と弁解しています。とはいえ考え方に変わりはなく、『日本原子力学会誌』二〇〇三年一月号の巻頭言で、「学術の壁は時には政治の力を必要とする」と書いていました。

いわく「私は、当時、野党の改進党（重光総裁）の下であったが、当時の予算委員会理事の地位を利用し、川崎秀二、稲葉修、桜内義雄、斎藤憲三等、少数の同志と協議し、予算採決の直前、突如、二億三、五〇〇万円の原子力平和利用研究予算と一、五〇〇万円のウラン資源調査費用を提出し、時の吉田自由党の予算成立確保に必要な議員数不足に乗じて、これを成立させた。これには背景がある。それはその一、二年前より、茅、伏見両博士が、日本学術会議において、原子力平和利用研究を提案していたが、共産党系の民主主義科学者協会の議員によって阻止されていて、その影響を受け、学術会議は反対の立場を取るようになった。これを突破するには政治の力による以外にないと考えて行ったのである。学術の壁は時には政治の力を必要とするものなのである」。

二億三五〇〇万円というのは、ウラン－二三五の語呂合わせ。茅・伏見提案は、前述のように一九五二年十月二十二日に日本学術会議の茅誠司副会長と伏見康治第四部部長が、原子力問題調査委員会の設置を政府に申し入れることを学術会議に提案したものでした。一般には原子力委員会設置提案として知られていますが、「政府に勧告する要旨は、原子力を推進する委員会、いわゆるＡＥＣを作れというのではなく、原子力問題を検討する委員会を政府につくってもらいたいというのである」と提案にはあります。

とはいえ伏見康治著『時代の証言』（同文書院、一九八九年）には「原子力委員会と始め言っていたのは、アメリカのＡＥＣ＝Atomic Energy Commission のことを指していたが、これは一つの行政委員会で、委員はシビリアンだが行政府の長官にあたるのである。しかしそういう行政実務を施行する役所を作るなどと言ったら、到底案は通りそうもないから、日本式に委員会を解釈して、政府の諮問に対して答えるだけのもの、精々調査委員会ということになった」と書かれていますから、本音はＡＥＣだったのでしょう。同書に紹介されている「伏見私案」には「工業用原子炉発電所の建設費用は、水力大ダムの建設費とそう大きな懸隔はありそうもない」などとする記述もありました。

この伏見教授との『原子力文化』一九八八年七月号での対談で、中曽根議員は、原子力予算は「茅誠司さん、伏見康治さんを応援する意味があったんです」と語っていますが、茅氏らは予算に反対して抗議に行っています。そのとき「稲葉修がそばにいて、『学者が眠っているから、札束でひっぱたいて目を覚まさせるんだ』と。ところが、私が言ったことになっているんですよ」と、対談では「(笑)」になっていました。

その上で、こう続けています。「非常に印象的なことは、抗議にきて帰るときに、茅さんが私につぶやいたんですよ。『できちまったら、仕方がない』と。そう言って帰ったんですよ。これは内心は通してくれということだな、私はそう読みましたね。茅さんはそういう大戦略家でしたよ」。伏見氏も「そうですね」と受けていますから、その通りだったのでしょう。

猫も杓子も

他方、伏見教授は『時代の証言』で、「政治家は何を考えているのか判らない。暴走しないように、何かたがをはめなければならない」と考えて、「原子力憲章草案」を書いたと述べています。それが四月二十三日の、「公開、自主、民主」の三原則をうたった日本学術会議の原子力平和利用声明につながったのです。いや、武谷三男さんに言わせれば、前出の『改造』論文こそが「三原則のもとになることを書いた」ものであり、「茅・伏見提案というのは、無条件で原子力研究をやろうということ」だったそうですが（河合武『毎日新聞』記者との対談「わが国における原子力開発のあゆみ」、『技術と人間』一九七四年十月号）。

この三原則を取り入れる形で一九五五年十二月十三日、原子力基本法が衆議院に提出されます。中曽根議員を委員長とする衆参両院の超党派の「原子力合同委員会」が、政府との調整、学会の意見聴取を経て提出した議員提案です。保守合同で生まれた自由民主党と社会党の議員四二一名が提案者となりました。十日に政府が提出した原子力委員会設置法、総理府設置法の一部改正案（原子力局設置）とともに「原子力三法案」と呼ばれ、十四日に衆議院、十六日には参議院で可決（共産党、労農党は政治的立場から反対）、十九日に公布というスピード制定です。

「平和利用」をうたった原子力基本法ですが、自由党が一九五二年につくった科学技術庁設置要綱案では付属機関として「中央科学技術特別研究所」が置かれるとされ、前田正男議員は『日本産業協会月報』同年五月号で「原子兵器を含む科学兵器の研究、原子動力の研究、航空機の研究」を行なうと説明していたそうです（山崎正勝『日本の核開発：一九三九〜一九五五』績文堂、二〇一一年）。

どれだけの議員が原子力の何たるかをわかって三法案に賛成したかは、大いに疑問です。鳩山一郎首相また然り。『原子力ｅｙｅ』二〇一〇年五月号で、当時は工業技術院調査課で「官庁技術者運動の若手幹事役として、科学技術庁設立のため、国会との連絡役の使い走りを務めた」という伊原義徳元原子力委員長代理が回顧しています。「一九五五年に、正力松太郎読売新聞社主が衆議院議員に当選し、十一月に第三次鳩山内閣に初入閣した。総理から防衛庁長官就任を打診されたが、『原子力担当大臣をやる』と主張した。『原子力って何だね？』と総理は怪訝な顔をした」。

一九五六年一月一日に原子力委員会と総理府原子力局が発足、後者は五月十九日に誕生した科学技術庁に組み込まれます。付属の特別研究所は、設置されていません。その前の五五年十一月三十日に財団法人原子力研究所が設立されていて、五六年六月十五日には特殊法人日本原子力研究所に生まれ変わりました。八月一日には原子燃料公社が設立されています。その後、動力炉・核燃料開発事業団（どうねん）、核燃料サイクル開発機構と衣替えを繰り返し、二〇〇五年十月には日本原子力研究所と合併して日本原子力研究開発機構となる最初の姿です。

一九五六年三月一日には、日本原子力産業会議が発足します。同年末時点の会員名簿が『原子力産業新聞』五七年一月五日号に載っていました。電力・メーカー・ゼネコンなどはもとより、朝日・毎日・読売といった新聞社、日本放送協会（ＮＨＫ）、民間放送、当時の国鉄や私鉄各社、東映・東宝・日活などの映画会社、新潮社・紀伊國屋・丸善のような出版社・書店、デパート、ビール会社、松竹、日本コロムビア、日本ビクター、後楽園遊園地、パイロット万年筆、資生堂、雪印乳業・日本製糖などの食品会社、製紙会社……と、あらゆる業種が並んでいる姿に、「バスに乗り遅れるな」との雰囲気がよくあらわれています。

なお、同会議の後身である日本原子力産業協会のホームページには最新の会員名簿があり、それを見ると右に名前をあげた各社は、みごとに皆、退会していました。

原子力規制の具体的な法律である原子炉等規制法（核原料物質、核燃料物質及び原子炉の規制に関する法律）は、一九五七年六月十日に公布されました。八月二十七日、アメリカから輸入された日本初の原子炉ＪＲＲ－１が臨界に達しました。十一月一日には日本原子力発電が設立され、コールダーホール型炉（英コールダーホールに建設された原子炉が原型の天然ウラン黒鉛減速ガス冷却炉）を発電用原子炉とする東海原発の導入に動き出します。電力・原子力産業の負担を軽減する原子力損害賠償法が公布されたのは、六一年六月十七日のことです。一定額を超えた場合は、賠償による電力会社の負担を国が援助する、メーカーに対しては求償権を認めないなどとされました。

二〇一一年三月十一日に福島原発事故（以下、「福島原発事故」とは、この東京電力福島第一原発事故を言うこととします）が起きたとき、右の一定額、すなわち保険ないし政府補償の額は、未だ確定しようのない損害額とかけ離れた一原発当たり一二〇〇億円でした。一九六一年当時では、わずか五〇億円です。その額は、どのようにして決まったのか。四月十二日の衆議院科学技術振興対策特別委員会で、科学技術庁の杠《ゆずりは》文吉原子力局長が、こう答弁しています。「五〇億円までは保険プールにおきましては引き受けることができるということから、五〇億円ということをきめたわけでございます。すなわち、保険プールの引き受け能力の限度でございます」。

どれだけの被害が出るかではなく、保険会社がいくらまでなら保険金を支払えるかで決まったのです。

鮭缶から生まれた

日本原子力発電の設立については、以前に「日本原子力発電小史」という小文を書いたことがあります（『原発のいま！』三一書房、一九八三年所収）。それを活かして「今は昔、敦賀原発誕生雑話」（『なぜ即時原発廃止なのか』緑風出版、二〇一一年所収）にも流用しました。さらにもう一度、役立ってもらうことにしましょう。

＊

「（一キロワット時当たりの発電単価が）二円五〇銭という経済性の問題からはじまったとき、コールダーホール炉の安全性ということは、多くの関係者のあたまのなかにあまり存在していなかった」。日本原子力産業会議が発行した『日本の原子力――一五年のあゆみ』（一九七一年）は、いともあっけらかんと、日本においていかなる思想から原子力開発がスタートしたのかを明らかにしている。内田秀雄・元原子力安全委員長も、一九九三年五月十日付の『電気新聞』で、こう記していた。「元原子力委員の大先輩が私に、『当初は安全の問題など考えなかったからね』と述懐されたことがある」と。

そのようにして、日本初の商用原発である東海原発は建設された。そして、所有者である日本原子力発電株式会社は、鮭缶から生まれた――。

五六年一月に原子力基本法など原子力三法が施行され、原子力委員会が発足するが、この当時の基本方針は、必ずしもすぐに商用原発の建設をというものではなかった。ところが、初代そしてすぐまた第三代の原子力委員長に就任した正力松太郎国務大臣は、一年前までは考えも及ばなかったと言われる「実用発電炉の早期導入」を唱え、あっさりと基本方針を転換してしまう。その時点ではイギリスでもまだ運転を開始していないコールダーホール炉を実用炉だとして、導入しようというのである。五六年十月十七日に先に触れたコールダーホール炉の開所式があり、石川一郎原子力委員長代理・経団連会長を団長とする調査団が開所式出席を兼ねてイギリス、アメリカに派遣された。調査団は、まず導入するとすればイギリスからだと報告書をまとめる。原子力施設デコミッショニング協会の『ＲＡＮＤＥＣニュース』第一八号（一九九三年七月刊）で、当時科学技術庁からイギリスに出ていた同協会の村田浩理事長が述懐する。

「石川さんの表現によれば、イギリスの娘さんもアメリカの娘さんもいづれ見目良い美人だ。まだ若いけれど非常に美しくなっていくでしょう。ただ今の時点で見ると、アメリカのほうは未だ若いと、だから嫁入りするのには早い。嫁入らすのならばイギリスだという表現を使われた」。

一九五七年二月、電力会社が自分たちでやると言い出すと、電源開発株式会社が受け入れの名乗りをあげた。政府出資が六七パーセントの国策会社である電発（現在は完全民営化）は、イギリス側の売り込みのコストは鵜呑みにはできず、国の資金を投入する必要があると主張する。五月には日本原子力研究所が、国家的事業である原発受け入れは同研究所が最適との考えを示し、他方、電力会社九社は、民間出資の原子力発電振興会社をつくる方針を打ち出した。

いや、順番は違っていて、電源開発がやると聞いて「国にはやらせられない」と民間電力会社側があわてて手を上げたのだとする証言もある。『森一久（元日本原子力産業会議副会長）オーラルヒストリー』（近代日本史研究会、二〇〇八年）で、森元副会長いわく「松根宗一が言っていました。『森君、やっぱりあのときは「電発にやらせてもいいのか」と言ったのが成功したね』と、亡くなる少し前に僕に言っていましたよ。『やっぱり、そうですか』と言ったら、『そう言って脅さなければ原子力には手を出さなかっただろう』と言っていました」。

さて、右のうち原研は、アメリカからの動力試験炉の導入が決まって手を引き、民間 vs 電発の主導権争いは、正力委員長 vs 河野一郎経済企画庁長官の争いにエスカレートする。すったもんだのあげく、川島正次郎自民党幹事長らの調停もあって、電発が二〇パーセント、電力九社が四〇パーセント、その他四〇パーセント出資の日本原子力発電株式会社にいたるのだが、ここで鮭缶が登場する。

イギリスからの原子炉購入の見返りとして同国への鮭缶の売りつけが行なわれたことが一九五八年三月、駐英大使から外務省に宛てた公文電報で明らかになるのだ。『毎日新聞』の河合武記者が書いている。「鮭缶と原子炉のバーターも、河野氏がいいだしたことなのだという。その説によれば、原子炉の国営、民営という問題では、一歩譲っておいて、これを利用して当時苦境に立っていた漁業界の利益をはかったのだという」（河合武『不思議な国の原子力』角川新書、一九六一年）。

ともあれ日本原電は、あたふたと世話人会、設立準備委員会などを開き、一九五七年十一月には創立株主総会にこぎつける。「このように創立手続を急速に進めたのは、年内にも新会社から英国に調査団を派遣したいというスケジュールに合わせたため」（日本原子力産業会議『原子力開発十年史』、一九六五年）だった。

日本原電が刊行した『敦賀発電所の建設』（一九七三年）で、当時をふりかえって一本松珠璣会長は言う。「会社設立後直ちに購入に旅立った。当時としては、それ以外に調査を進める方法がなかった事情もあるが、超高圧火力発電位に思っていた。建設費や工期にしても、メーカーが言って来るものは、その通りいくものと思っていた。仕様書に火力と同じようなことを書き受注者も平気で引き受けた」。

設計段階で炉心の構造を三回も変更し、本工事が始まってから圧力容器などの材料の変更が行なわれ、事故・故障が試運転中から続出し、定格出力は一六万六〇〇〇キロワットだが、一九九八年三月の運転修了まで一四万キロワットに出力を下げた運転しか行なわれなかった。

一本松氏の言をもう一つ。

「初期の原子力発電には工期遅延と工費の増大がつきもののようである。考えてみるとこれだけ複雑な新技術、未知の工学分野に挑んで、しかも利潤をあげるというのは無理であろう」（『東海原子力発電所物語』東洋経済新報社、一九七一年）。

日本で原子力開発がスタートしようとしているとき、海外では早くも大きな原子力災害が出現していました。一九五七年九月二十九日には「ウラルの核惨事」と呼ばれた旧ソ連の軍事用再処理施設の高レベル廃液爆発事故、十月九日にはイギリスのウインズケール軍事用原子炉での核燃料溶融事故です。

＊

前者は、イギリスに亡命した科学者Ｚ・Ａ・メドベージェフによって一九七六年に暴露されます（梅林宏道訳『ウラルの核惨事』技術と人間、一九八二年）。しかし、〝秘密都市〟での事故だったためにソ連政府は否定・隠蔽をつづけ、三二年ぶりに公認されたのは八九年六月になってのことでした。それとても事実をきちんと伝えている保証はまったくありません。

後者もまた、軍機に触れるとして真相は隠され、日本へのコールダーホール型炉売り込みの最中だったことから、ウインズケール炉は空気冷却、コールダーホール型炉は炭酸ガス冷却といった両者の違いが強調されました。しかし両炉は本質的に同型炉で、プルトニウム生産炉という点でも変わりません。コールダーホール炉も「『軍事用プルトニウム』に重点」があり、「発電はつけたりの程度」とする一九五八年九月二十日付『朝日新聞』の記事を、映画『原発切抜帖』は映し出していました。

四半世紀余の後の一九八三年に放射性ヨウ素による死者は一三人とか、軍事用に生産されていたポロニウムも大量に放出され、一〇〇〇人を超す死者が想定されるとかの評価が科学誌をにぎわせました。さらにまた四半世紀後の二〇〇七年には、放射性のヨウ素、セシウムの他にプルトニウムが少量ながら放出されていたため、がんの罹患者は二四〇人とする評価が科学雑誌に載っています。なかなか決着はつきそうにありません。溶けた燃料は、今も炉内に閉じ込められたままで、二〇二〇年代中ごろに取り出しが開始される計画です。

3　早く大人になりたい――軽水炉時代の産声（一九六二〜一九七二年）

原子力に手を出すな

東海原発はイギリス製のガス冷却炉でしたが、次の原発はアメリカ製の軽水炉と、なぜか決まっていました。二〇一二年四月二十一日付の『朝日新聞』茨城県版「原子のムラ　第二部先駆けの原発（八）『捨て石』の英国炉導入」は、当時日本原子力研究所研究員だった原礼之助さんが東海原発は「捨て石のようなものだった」と冷静に評価していることを伝えています。「原は六九年にセイコーグループに移ったが、英国内に現地法人を作る際、『日本人は最初に英国の原子炉を買ってくれた』と礼を言われ、驚いた経験がある」と。

日本原子力発電は一九六二年春、福井県川西町（現・福井市）をアメリカ製軽水炉の候補地に選びました。ところが、ボーリング調査の結果がきわめて悪く、「百米にして良好な地盤に達しなかった」と『敦賀発電所の建設』で一本松珠璣会長は書いています。次に同年七月、同じ福井県の美浜町と敦賀市が候補地とされ、美浜町は関西電力に譲り渡して日本原子力発電は敦賀地点と決定しました。軽水炉時代への第一歩が踏み出されたのです。

翌一九六三年二月八日には東京電力が、電力長期計画の中で初の原発建設計画を明示。福島第一原発です。十一月三十日には中部電力が候補三地点を発表、六四年七月二十七日に三重県南島町と紀勢町にまたがる芦浜地点に決定します。他の電力各社も次々と計画を発表しました。

もっとも、電力会社がどこまで積極的だったかは、よくわかりません。前出の『森一久オーラルヒストリー』によれば、「松永安左ヱ門なんか、『原子力なんかに手を出すな、あんなものは被爆者の気持ちを逆撫でして火傷するから手を出すな』と言っていた」そうですし、木川田一隆副社長（当時）も「原子力はダメだ。絶対にいかん。原爆の悲惨な洗礼を受けている日本人が、あんな悪魔のような代物を受け入れてはならない」と言っていた、と田原総一朗著『生存の契約』（文藝春秋、一九八一年）には書かれていました。東京電力が福島原発を建設すると発表したのも木川田社長（当時）ですが、なぜ君子豹変したのか、その後はどうなったかは、前掲の拙著『なぜ即時原発廃止なのか』所収の「東京電力による脱原発の進め方」をご参照ください。

中部電力の候補三地点発表については、興味深い記事を見つけました。一九六三年十二月一日付の『朝日新聞』三重県版です。「今年になって愛知県の渥美半島や静岡県の御前崎が不適格とわかり」とあるのですが、御前崎といえば、浜岡でしょう。そこが「不適格」とされた時があったらしいのです。「県ならびに中部電力の技師らが調査の過程でとくに吟味したのは①地震や津波に対して安全かどうか」うんぬんとも書かれています。詳しいことが知りたいと資料漁りをしたのですが、残念ながらうまく見つかっていません。

国産一号炉のＪＲＲ‐３の初臨界は一九六二年九月十二日。六三年十月二十六日に動力試験炉ＪＰＤＲが、日本で初めて原子力による発電を行ないました。五六年十月二十六日に国際原子力機関（ＩＡＥＡ）憲章が七〇ヵ国により調印された（機関発足は五七年七月二十九日）のと併せて六四年から、十月二十六日が「原子力の日」とされました。六〇～六三年までは四月に、十八日の「発明の日」をふくむ科学技術週間を設定し、そのうちの一日を「原子力デー」とすることが中曽根康弘科学技術庁長官・原子力委員長の発案で行なわれてきましたが、毎年一定の、原子力と関わりの深い日にすべきと産業界から働きかけがあり、制定されたものです。

その一九六四年、私は東京都立の白鴎高校というところに入学しました。運動が苦手だったので、いちばんグラウンドの小さいところを選んだのです。かつての東京府立第一高等女学校で、当時、成績上位者の名前が貼り出されているのを見ると、一位から五〇位まで男の名前はひとつもないというようなところでした（ベビーブーム世代ですから同学年の生徒数は五〇〇人、あるいはもっと多かったでしょうか。女子だけのクラスもあって、一〇〇人くらい女子が多かったように記憶しています）。私の名前は、その少し下くらいにありました。目立ったのは、理数系の教科では〇点ないしそれに近かったことです。それでもそこそこの成績になったのは国語や英語などで点数を稼いでいたからでした。典型的な文系で、まさか原子力なんてものに手を出すことになろうとは、思いもよらない時期でした。

通学路からちょっと寄り道をすると講談の本牧亭があり、よく通っていました、昼間は若手の勉強会や旦那芸の義太夫の会などをやっていて、無料で、時にはお茶とお菓子が出されたりもしていたのです。

過ぎし日よわたしの学生時代

そして東海原発が日本初の商業用原発として営業運転を開始した年、一九六六年に、一浪して、東京外国語大学のドイツ語学科に入学しました。浪人時代は、予備校に行くといって家を出て、ほぼ毎日のように映画館や劇場に通っていました。アメリカ映画は好きでなく、ドイツやフランスのギャング映画や、日本の三本立てのB級映画を観ていました。演劇は、歌舞伎から新劇、アングラ演劇、児童劇まで見境なしです。ドイツ語学科を受けたのは何となく肌に合うかなと思ったからですが、入学してみて外国語自体が合わないと感じました。演劇部に参加して、裏方専門で活動していました。演劇部の卒業した先輩に中村敦夫さんがいて、当時はお会いできませんでしたが、後に放射性廃棄物処分場計画がからむ小説『暴風地帯』（角川書店、二

○一〇年）執筆への資料提供や、中村さんが委員長を務める日本ペンクラブ環境委員会で一一年六月六日に講演をさせていただいたりしました。
早々に授業には出なくなったので、ドイツ語でアルファベットも言えず、数も数えられません。そのうち寮の自治問題から大学闘争がはじまり、背広姿でバリケードに通っていました。「西尾さんは寝る時もネクタイをしているのでは」とよくからかわれますが、学生時代から背広にネクタイでした。岩波文庫のマルクス著『経済学・哲学草稿』だの国民文庫の大月書店編集部編『猿が人になるについての労働の役割』だのを買い込んだものの今だに手垢もつかず書棚の隅に眠ったままです。非肉体派で、かつ非理論派だったので、同じような学生をまわりに集めていて、党派の学生からは「人柄でオルグをしている」と批判されていました。のちにストライキ解除の署名運動を始める美人のお嬢様（家に電話をすると、ほんとうにそう呼ばれていました）から「あなたとなら話ができる」と言われて連日、残念ながら甘い語らいはなしで話し込みましたが、人柄だけではオルグできませんでした。

外語大全共闘代表を名乗らせてもらったのはアジ演説ではなく、地元の自治会長のところに「お騒がせします」と挨拶に行ったときとか、バリケード内の学生が道路をはさんだ向かいの女子高の生徒と雪合戦をしてけがをさせたために女子高の校長室と生徒の家にあやまりに行ったときとかいう場合だけでした。ネクタイ効果ですね。

教授たちの話を聞いて教授会で誰がどんな発言をしたかを暴露する「新聞」と称するビラを

つくっていましたが、後に原発推進派の語録をつくるとは、もちろん思ってもいませんでした。

外語大は専攻が不可だと進級できないので、一九七〇年に中途退学。まさに軽水炉時代スタートの年に当たります。といっても、当時はそんなことは知らなかったのは、上に述べたとおりです。「英文校正」の求人広告を見て、それくらいならできるかなと七〇年三月にメラプリントという会社に入社しました。中小企業の海外向けパンフレットなどをつくっている会社でした。実際には英文だけでも校正だけでもなく、パンフレットや広告づくりの雑用、文章書き、お客さんとデザイナーとの橋渡しなどをすることになりました。

あとの祭り

話を戻して、東海原発が営業運転に入ったのは一九六六年七月二十五日。六七年十月二日には、原子燃料公社が動力炉・核燃料開発事業団（動燃）に改組されています。日本原子力研究所（原研）で労働組合の力が強かったのを嫌って、再処理や高速増殖炉など核燃料サイクルの研究開発を新組織に移すのが目的でした。前述のように六三年十月二十六日に動力試験炉ＪＰＤＲが初めて「原子の灯」を点し、「原子力の日」の出発点になったのですが、三日後には「いつストライキが起こるかしれない不安がある」として運転が停止されたりもしていたのです。

当時ＪＰＤＲの運転員だった下桶《しもおけ》敬則《たかのり》研究員が、編集代表を務める『原子村』一九九九年秋・

特選

ホンネ・タテマエ・つよがり・よわね
原発「推進者」の発言から

＊肩書きはすべて発言当時のもの
＊〔 〕内は引用者が補った

「安全」とは何か

◎安全の問題なんて

元原子力委員の大先輩が私に、「当初は安全の問題など考えなかったからね」と述懐されたことがある。

（内田秀雄・前原子力安全委員会委員長――電気新聞九三・五・一〇）

〔一キロワット時当たりの発電単価が〕二円五〇銭という経済性の問題からはじまったとき、コールダーホール炉〔東海原発〕の安全性ということは、多くの関係者のあたまのなかにあまり存在していなかった。

（日本原子力産業会議編集・発行『日本の原子力――一五年のあゆみ』）

◎想定外事故は天災

ＤＢＡ〔設計基準事故〕を上回る事故がかりに起これば、それは計画・設計条件としては考えていない事故であり、いわば台風災害における天災の類であって、当事者にとって計画・設計上は免責とされる事故であると考えられてよいと思う。

（内田秀雄・東京大学教授――『原子力工業』七三・九）

◎ひん曲がっても安全

安全上重要な機器は、建築基準法の三倍の大地震にも、耐えるよう設計し造ってあります。というと三倍以上の超大地震が襲ったらどうするのか、といった議論が起こってくるでしょうが、よく考えてください。そういう事態には、設計余裕があるので発電所はひん曲がるにしろ全部、壊れることはないと思います。

（都甲泰正・東京大学教授――毎日新聞七八・一一・二五日本原子力文化振興財団広告）

電力需要は伸びなくちゃ

◎猛暑を祈る

今年も冷夏か、の懸念吹き飛ばし、電力需要二年ぶり記録更新続く。夏はやはりこれでなくちゃ。

（電気新聞「記者手帳」八一・七・一七）

供給力はピーク時の需要に対して一〇・五パーセントの余裕がありますが、どうもお天気のほうが心配で〔中略〕残暑も短い、涼しい夏になるようです。このうえは猛暑到来を祈るのみですね。

（那須翔・東京電力社長――東京新聞八六・七・一七）

東京電力では先週、夏ピーク記録を五年ぶりに更新し過去最高を記録した。〔中略〕環境問題や省エネルギーを忘れたわけではないが、記録更新に久々の笑顔が見られる。

（電気新聞「焦点」〇一・七・二六）

◎需要開拓の論理

省エネは時代の流れで仕方がないが、電気という単品を売っている企業が生きていくには、やはり需要開拓しかない。

（渡辺哲也・九州電力社長――朝日新聞八七・七・二九）

『はんげんぱつ新聞縮刷版第Ⅳ集』（七つ森書館、2003 年）より

冬号で書いています。「ＧＥ社が派遣した現場総監督（スーパーバイザー）が、全出力運転を目指してあと一息の十月二十九日、我々が運転しようとして居たところに、いきなり入って来て、『労働情勢の不安によりこれ以上続けられない』と言って、運転キーを取り上げた。我々はその言い掛かり的な発言に抗議してストライキをしてしまった。将に彼の策にはまったのである」。

高速増殖実験炉「常陽」は、第二次概念設計まで原研が行なっていたものを動燃に引き渡します。「どうぞご自由にお使い下さいと図面二四〇枚を含む設計書類一式を提示した。同時にそれまで原研が行っていた研究開発の成果としての未公開の報告書類ならびに製作した燃料の模型を公開したのであった」と当時設計のリーダーをつとめていた能澤正雄・高度情報科学技術研究機構顧問・元原研理事は『日本原子力学会誌』一九九八年八月号で口惜しさをにじませて振り返っていました。「設計に際して、設計グループの方々に共通意識をもつように努めた」という「設計の三原則が守られていれば、『もんじゅ』で起きたことは防げたのではないかと思われる」と。

なにせ動燃の実力たるや、資源エネルギー庁の松田泰審議官が『エネルギーフォーラム』一九八五年一月号の座談会で高速増殖炉の設計について「動燃が設計しますね。そうすると、『あの動燃の設計じゃ、どうかな？』というのがあるわけですよ」と公に批判することをためらわないありさまなのです。松田審議官の懸念は、一一年後のナトリウム漏洩・火災事故で、事実その通りとなりました。

ところで、私は現在、原水爆禁止日本国民会議（原水禁）の副議長もつとめていますが、原水禁が発足したのは一九六五年七月一日です。六〇年代に入って以降、ソ連の核実験を支持する日本共産党の介入で原水爆禁止の運動は混乱し、六三年の第九回原水禁世界大会に「いかなる国の核兵器にも反対」の立場に立つ人々は参加せず、分裂が決定的になります。翌年八月五日から九日にかけては、広島、長崎、静岡の原水爆被災三県連絡会議の呼びかけで「原水爆禁止・被爆者援護・軍備撤廃を世界に訴える広島・長崎大会」を開催、新しい原水禁運動の組織として原水爆禁止日本国民会議の誕生を見たのです（詳しくは原水爆禁止日本国民会議＋二一世紀の原水禁運動を考える会編『開かれた「パンドラの箱」と核廃絶へのたたかい』七つ森書館、二〇〇二年）。

ちょうどそのころ、米原子力潜水艦・空母の日本の港への寄港反対が大きな運動になっていました。前掲書は、そのことにも多くのページを割いています。原水禁が反原発の運動にかかわっていくきっかけともなったのが、「動く原発」である原子力潜水艦・空母の寄港反対運動でした。それと再処理工場の建設が核兵器に道を開くものととらえられたのも当然のことでしょう。そのようにして原水禁は、反原発・反核燃料サイクルの運動に深く関わっていくことになります。前掲書から引用します。

「原水禁では一九六九年の『被爆二四年原水禁世界大会』で『核燃料再処理工場設置反対の決議』を採択し、その年の十一月末、新潟県柏崎市で最初の反原発全国活動者会議を開催。さらに七〇年十一月にも茨城県那珂湊市で『原発・再処理工場反対全国連絡会議』を開催した」。

ここで再処理工場とは、茨城県東海村に建設される東海再処理工場のことです。

一九七二年五月二十日には石川県志賀《しか》町赤住地区で、北陸電力志賀原発の建設計画をめぐる住民投票が行なわれましたが、県・町の圧力で、開票されることなく破棄されました。同年七月十五日、新潟県柏崎市荒浜地区での東京電力柏崎刈羽《かりわ》原発計画をめぐる住民投票では、七六パーセントが反対票を投じました。

そして、「軽水炉時代の幕開けは、原発事故、放射能汚染の幕開けでもあった」のは、前掲書の言うとおりです。一九七〇年十月十二日には敦賀原発で燃料の穴あきが見つかりました。以後、各原発で続発します。七一年五月二十七日には岩佐嘉寿幸さんが日本原子力発電の敦賀原発で被曝し、後に労働災害の認定をめぐって日本原子力発電と争うことになります。七二年六月十三日、関西電力美浜原発一号機で蒸気発生器の細管が破損。これまた、以後陸続として後を絶たない問題です。

つきまとう核の影

一九七一年七月一日、環境庁が発足。のちに環境省となり、二〇一二年九月、原子力規制委員会は同省の三条委員会として設置されることになりました。

核拡散防止条約（ＮＰＴ）に米英ソ三カ国が署名したのが一九六八年七月一日。四三ヵ国の批准を得て正式に発効するのが七〇年三月五日です。日本は、六八年段階では条約に賛成しながら署名は保留、七〇年段階でも発効直前の二月三日に署名をしましたが、批准は持ち越します。七六年六月八日に批准するまでかなりの時間がかかりました。

最も抵抗が大きかったのが自民党内で、将来の核兵器開発の選択肢を放棄すべきでないという「フリーハンド論」が有力だったといいます。署名の前年の一九六九年九月に外務省内の外交政策企画委員会が「わが国の外交政策大綱」をまとめ、「核兵器製造の経済的・技術的ポテンシャルは常に保持するとともにこれに対する掣肘をうけないよう配慮する」とした考えです。

一方、原子力業界は、七〇年十月二日、敦賀原発に対する国際原子力機関（IAEA）査察官の〝暁の急襲〟があったことに驚き、ヨーロッパ並みに自主性を重んじた保障措置（軍事転用を防止するための検認活動）の適用を求めます。その結果、日本政府が行なう国内保障制度を欧州原子力共同体の査察と同等なものと見なす日本・IAEA保障措置協定が一九七五年二月二十六日に仮調印されるのです。

一転して原子力産業界は批准を急ぐことになり、日本原子力産業会議は批准反対の「自民党右派（晴嵐会など）」に対し「あらゆるルートを使って働きかけを強めた。その全部・詳細はとても明らかにし得ないが、中でも、武田修三郎氏が玉置和郎氏や毛利松平氏におこなった説明と説得は、画期的な転機となり、この国会の両重鎮が『反対』から『中立』に変わったことで批准問題は一気に解決に向かったのである」と森一久編著『原産半世紀のカレンダー』（日本原子力産業会議、二〇〇二年）で森さんが書いている「秘話」にあります。武田修三郎氏は東海大学の教授、玉置和郎氏は「晴嵐会きっての暴れん坊」と呼ばれた参院議員、毛利松平氏は三木派（ただし、リベラルな三木武夫とは思想的には相容れず）の衆院議員でした。

そこではまた、こんなことも述べられていました。「いくら日本が、平和国家・被爆国・民主国家だとはいっても、国内査察を国際機関が最大限に尊重するという、矛盾にみちた妥協ができたのは、一体なぜであろうか。それは、（中略）遅れに遅れていたNPT条約の日本の批准ということが欧米の『最大の関心事』であり、国民感情をふくめて日本を『逃してはならぬ』という西欧側の判断が優先したからに違いない。もともとNPT体制の唯一最大の目的は日独の核開発の阻止であり、そのことは今日、印・パの核実験に対する西欧の冷静さにも端的にあらわれている。日本が、査察のみならず、核燃料サイクルなどで『特権』を持つことになった、このような背景を、原子力関係者は忘れてはなるまい」。

自民党右派とは別に、野党側も批准には反対していました。批准に絡めて日米安保体制強化の方向で「非核三原則」が後退しようとしていたからです。政府が「三原則堅持」を答弁し、ようやく批准案承認に至ります。このとき衆院外務委員会は一九七六年四月二十七日、参院外務委員会は五月二十一日、三原則の忠実な履行や核兵器国に対し核兵器全廃を目指した努力を訴えることなどを内容とする決議を全会一致で行ないました。

古い資料を整理していてたまたま、米上下両院原子力委員会が一九七五年十月十六日に公表した報告書で、太平洋地域における米軍の核配備は「強力な潜在核開発能力を持つ日本に独自の核兵器取得を思いとどまらせるための『重要な要素』でもある」と記述しているとの新聞記事（十月十八日付『東京新聞』）を見つけました。「強力な潜在核開発能力」を顕在化させないために、「核の傘」はさしかけられているのです。

第Ⅱ章　こんにちは原発

1　反原発デビュー――「敵」は国だ（一九七三〜一九七八年）

たった今、電気がとまったら

私が火力発電所、次いで原子力発電所の問題にかかわりを持ちはじめるのは、一九七三年です。七月二十五日に資源エネルギー庁が発足する年であり、十月六日の第四次中東戦争勃発で同月十七日、OAPEC（アラブ石油輸出国機構）が緊急閣僚会議で石油の生産削減などを決める第一次石油ショックの年でもありました。

長くなりますが、私の原発問題での最初の著書である『原発・最後の賭け』（アンヴィエル、一九八一年）の「あとがき」を再掲します。ここで単に「発電所」と言われているのは、火力発電所のことです。なお、「原発問題での」を外した最初の著書は、たいまつ新書の『現代日本の警察』（一九七九年）でした。警察と原発というのは妙な取り合わせに思えるかもしれませんが、再掲の文中にもあるように、両者の広告戦略は根を同じくするものだったのです。

＊

一九七三年。のちに〝石油ショック〟の年として記憶される年の四月から、電気事業連合会による全国レベルでの電力危機キャンペーン（毎月一回の大きな新聞広告、週刊誌の広告など）がスタートする。「たった今、電気がとまったら」といった脅し文句の出現は、当時広告業界の隅っこにいた私に、強烈なショックを与えた。私にとってこの年は、だから、〝石油ショック〟以上に〝広告ショック〟の年だった。

「環境問題などもあって、発電所の新増設がなかなか難しくなっています」と訴える広告は、環境問題などを理由に発電所の新増設に反対している建設予定地の住民を露骨に敵視する。そして、広告が訴えかける相手は、建設予定地の住民ではなく、都市の住民である。「発電所の新増設さえできれば、停電の心配もないのに」と、広告の読者もまた建設予定地の住民の闘いを敵視することが、そこでは求められている。

この年の十二月に、広告関係者らの集まりで配布したビラのなかで、私はこう書いた。「私たちは《広告》がはっきりと〝敵〟を見出しつつあること、この〝敵〟を叩く『意志』として働きはじめていることを見ることができる」。

「環境問題など」をほんとうに解決する方法がないからこそ、建設予定地の住民を〝敵〟として都市の住民に包囲させ、闘いをおしつぶす方法が開発された。それが広告の仕事とされたのである。「環境問題など」を解決する気持ちも能力もはじめから無かったことは、当の広告自身が証言している。七三年四月にスタートして以来の新聞広告の結論部分を抜き出してみよう。

四・五月　美しい環境を守りながら、安全で公害のない発電所の建設に懸命に取り組んでいます。

六月　環境を守りながら公害のない発電所の建設に努めています。ご理解とご協力をお願いいたします。

七月　発電所の建設に対するご理解とご協力をお願いする次第です。

八月　どうしても発電所の建設に対してご理解とご協力をいただきたいのです。

九月　一日も早く着工できるようご協力をお願いします。

十月　今すぐ発電所の建設を始めなければなりません。

「お願い」から強要へ、その変化に応じて「美しさ」が「安全」が「環境保全」が「無公害」が、そして、一方では「ご理解」が消えていった。

建設予定地住民のなかに分け入り、住民の闘いを分断し破壊する工作もまた、広告の仕事とされた。CR（コミュニティ・リレーションズ）という名で呼ばれるこの方法は、そもそも暴動の予防策としてアメリカの警察で開発され、警察庁によって日本に導入されたものだという。

こうした広告のあり方に対する疑問。それが、私をして原子力問題に首をつっこませた糸口

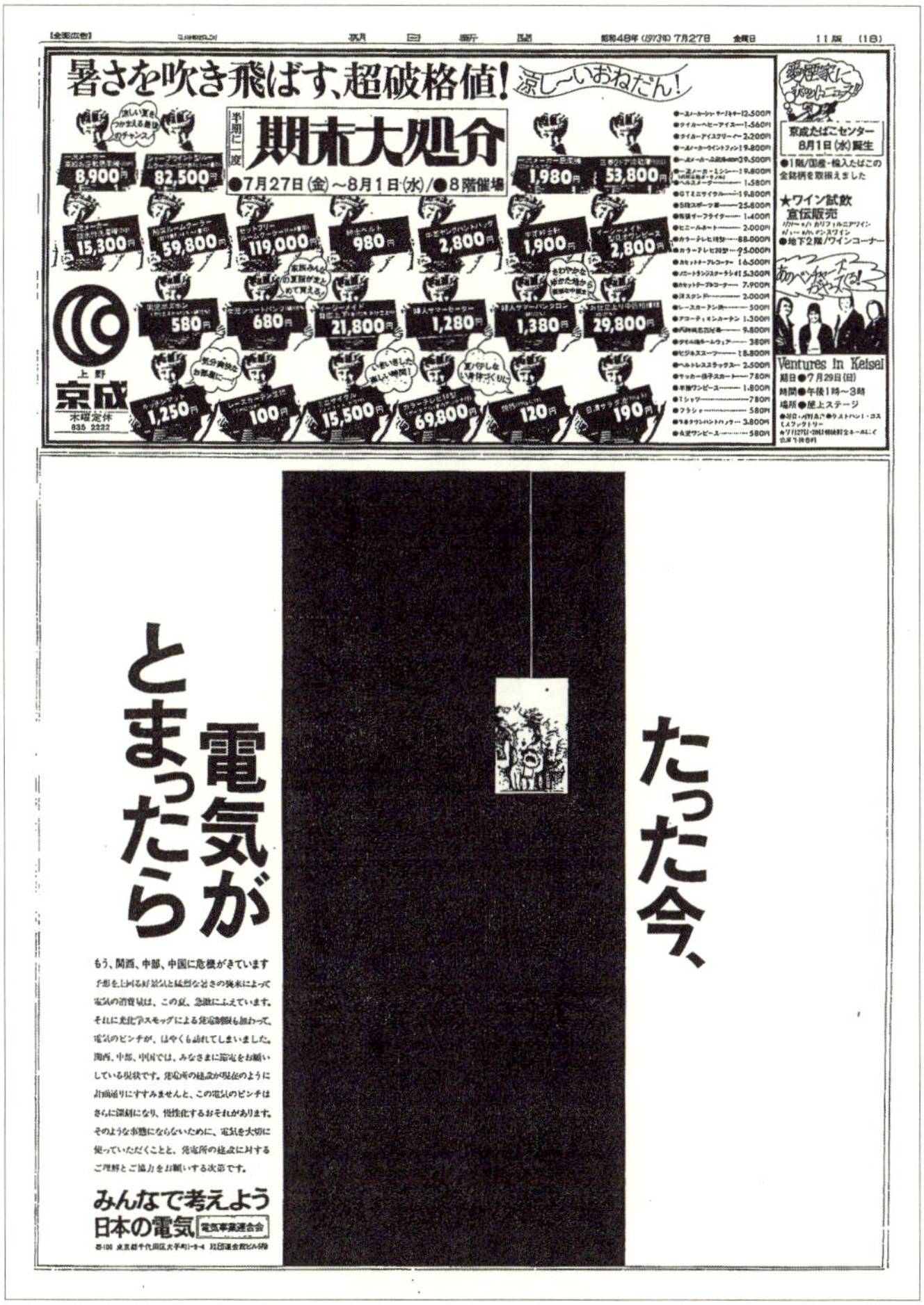

朝日新聞　昭和48年(1973年)7月27日　金曜日　11版　(18)
暑さを吹き飛ばす、超破格値!
涼し〜いおねだん!
半期に一度
期末大処分
●7月27日(金)〜8月1日(水)/●8階催場
京成たばこセンター
8月1日(水)誕生
★ワイン試飲
宣伝販売
Ventures In Keisei
上野
京成
木曜定休
835 2222
たった今、
電気がとまったら
もう、関西、中部、中国に危機がきています
予想を上回る好景気と猛烈な暑さの襲来によって
電気の消費量は、この夏、急激にふえています。
それに光化学スモッグによる発電制限も加わって、
電気のピンチが、はやくも訪れてしまいました。
関西、中部、中国では、みなさまに節電をお願い
している現状です。発電所の建設が現在のように
計画通りにすすみませんと、この電気のピンチは
さらに深刻になり、慢性化するおそれがあります。
そのような事態にならないために、電気を大切に
使っていただくことと、発電所の建設に対する
ご理解とご協力をお願いする次第です。
みんなで考えよう
日本の電気
電気事業連合会

だった。原子力キャンペーン（前述の電力危機キャンペーンは、七四年十月から、はっきりと原発促進を打ち出すようになる）のスタートが、私の反原発運動への関わりのスタートともなったのだ。一九七三年。私は、大阪で反広告会議を組織していた吉田智弥さんと出会い、その紹介でコピーライターの関根美智子さん、評論家の津村喬さんを知る。これらの人々に多くのことを教えられて（右の広告の変化への着目も、その一つだ）、私は、広告批判の立場から、反原発の運動に加わっていった。

＊

私を反広告、そして反原発に引き込んだ「先生」である吉田智弥さんは、当時、大阪読売広告のコピーライターで、『反白書』1号、2号に鮮烈な広告批判を載せていました。

さて、このあとは、まさに運動の渦中にいたので、客観的な書き方がしにくくなりました。と言っても、まだ直接にかかわっていない運動のほうが多いでしょうか。一九七三年八月二十七日には、最初の原発訴訟である四国電力伊方《いかた》原発一号機の原子炉設置許可取り消し訴訟が松山地裁に提起されました。つづいて十月二十七日には、日本原子力発電東海第二原発の設置許可取り消し訴訟が水戸地裁に提起されています。伊方訴訟は九二年十月二十九日に、東海第二訴訟は二〇〇四年十一月二日に最高裁で住民側の敗訴が確定する長期裁判です。

一九七三年九月十八日には福島市で、東京電力福島第二原発の建設をめぐる日本初の原発計画公聴会が、原子力委員会の主催によって開かれました。東海原発の建設の際にも公聴会がありましたが、それは学者や知事、村長、電力会社、メーカー、労働組合といった狭い範囲の利害関係者の意見を聞くものでした。住民の意見を聞く公聴会としては福島が初めてとなります。

伊方原発や東海第二原発の裁判では国が被告となり、そのことが原発は一地域の問題でないことを際立たせました。公聴会を国が開くことで、原発は一電力会社の問題でなく「国策」なのだと印象づけることになりました。

電力会社と地元行政を「敵」としていた反原発運動が、「敵」は国だと考えるようになる始まりが、このころのことだったと思います。ちょうどそんなときに私は、原発問題にかかわり始めたことになります。

金のなる木

「敵」は国だとの考えが鮮明になったのは、一九七四年でしょう。六月六日、いわゆる電源三法が公布され、十月から施行されます。電源三法とは、そのときにつくられた法律の名称で言うと、電源開発促進税法、電源開発促進対策特別会計法、発電用施設周辺地域整備法という三つの法律です。電源開発促進税という税金を電気料金にふくめて徴収し、特別会計にして発電所周辺地域への交付金などに支出するものでした。これらの法律がつくられた背景には、各地の原発反対運動で新規原発の建設が難しくなっていたことがあります。

東北電力の女川《おながわ》原発計画では一九七〇年十二月十日に原子炉設置許可が出されながら、漁協が漁業権を放棄せず、建設に入れずにいました。北海道電力の泊《とまり》原発計画でも、漁協が強く反対していました。中部電力の熊野原発計画では七二年三月十一日に熊野市議会が拒否決議をしていました。東京電力の柏崎刈羽原発計画では、前述のように地元の荒浜地区が投票で反対を表明。六九年十月の「荒浜を守る会」結成につづき、各集落に次々と「守る会」がつくられ、七〇年一月には個人参加の「柏崎原発反対同盟」が結成されて意気盛んでした。

電力会社まかせでは埒があかないと考えた政府は、原発を受け入れた自治体に多額の交付金を投下することで同意取り付けを図るのです。

二〇一一年十月二十六日、十一月二日、九日と『環境新聞』に連載された「電源開発促進税を巡る『政官業』癒着の軌跡」で、小峰純記者は、こう書いています。

「『電源立地を円滑化するために発電所税を創設する』

一九七三年十二月二十二日の臨時閣議で田中角栄首相（当時）は反対運動で難航する原子力発電所の建設を促進するため『発電所税』を創設し、これを財源として原発周辺地域の振興を図るよう関係閣僚に指示した。まさにツルの一声で方針が決定されてから、電源三法の法案が国会に提出されるまで、わずか三ヵ月だった」。

発電所税ないし発電税の構想は、一九七三年十二月十三日の参議院予算委員会で原子力発電についての取り組みを問われた田中首相が「地元に発電所立地で恩恵を与えるように配慮せねばならない。たとえば地元電力を安くしたり、発電所立地で電気ガス税と同様の性格を持つ発電税を取れないか」と答弁したのが初出のようです。

発電税構想と同時に、田中首相は「地元には安い電力を供給する」案にも言及していましたが、これには「需要家に対する公平の原則に反する」として、電力業界は強く反対しました。やや先の話になりますが、この案は、一九八〇年四月の電気料金改訂を機に再浮上します。東北電力の料金が東京電力を上回り、発電所のある新潟や福島での料金のほうが消費地東京より高くなってしまったからです。このときの資源エネルギー庁幹部の言葉が、『環境新聞』に載っています。「電気料金という良家の子女の貞操を守るために、電促税というＲＡＡを提供しましょう」と。

官僚の品性をよく示すものと言うべきでしょうか、「貞操」とは「公平の原則」を指します。ＲＡＡは、『環境新聞』の説明を借りると「終戦直後、米軍兵士相手に設置した慰安所を運営する特殊慰安施設協会の英名の略称」だそうです。

表の電気料金はそのままに、裏で電源開発促進税から値引き分を交付したのがＲＡＡというわけです。ことのついでに同税は税率が三・五倍にアップされ、地元への交付金などとは別に、本来なら一般会計で支出するべき研究開発費（「もんじゅ」の建設・運営費など）にも使えるものに拡大されました。通商産業省（通産省）、科学技術庁の権益も拡大。『環境新聞』の言う「『政官業』癒着」です。

力をあわせて

さて、一九七五年、政府は新たな公聴会の案を出してきます。田中首相のお膝元にあり土地転売で同首相の懐を豊かにしてくれた東京電力柏崎刈羽原発の計画を何とか前進させることが、第一の目的でした。君建男新潟県知事は県議会で、「私の要請で国が方針を決めた」と誇らしげに述べていたそうです。

「二本立て公聴会」と呼ばれた案は、原発の安全性＝危険性にかかわる議論は原子力委員会が日本学術会議と共催する「中央公聴会（中央シンポジウム）」で行ない、「地元公聴会」では「原発建設による経済効果、地域開発など」（新潟県の説明）を扱うというもの。前年一九七四年九月一日の原子力船「むつ」放射線漏れ事故などで著しく失墜した原子力委員会の権威を、学術会議の力を借りて再構築しようとするものであり、同会議との共催で公正さを装いつつ、地元住民を外側から包囲する世論づくりを狙ったものでした。

何より、用地買収も済み、建設準備も整ってから開かれる形式的な公聴会をさらに骨抜きにするために生み出された「中央公聴会」の不当性は、その地に暮らすわけでもない〝専門家〟が、遠く離れた〝中央〟で、住民を抜きにして住民の生命・生活にかかわる重大事を決定しようとするところにあります。

これに対し一九七五年八月二十四〜二十五日、京都市で開かれた反原発全国集会の宣言は、こう反発しています。「かれらは『国民的合意』を唱えているにもかかわらず、公開討論会への参加を拒否したことに見られるように、原発立地および予定地域の住民との対話を拒み、これを排除したままで突き進む腹をはっきりと固めたと断ぜざるをえない。かれらが望む住民を排除した『中央公聴会』の開催を、私たちは断じて許してはならない。それは推進派と、『よりよい原発』の幻想を振りまく反対派のような顔をした『専門家』との話し合いの場であり、原発推進を円滑にするための儀式にすぎない。私たちはそのような『専門家』になにも委嘱した覚えはない」。

全国集会では、推進側から公開討論会への参加を拒否され、京都大学の荻野晃也さんと東京大学アイソトープセンターの小泉好延さんが「推進派」の役を演じました。

この全国集会は、日本で初めてのものでした。前面に出てきた国に対抗する必要に迫られた危機感、地域の運動としては成果をあげ原発の上陸を阻止できていても国の政策が変わらなければいつまでも水際での阻止をしつづけなければならないという思いがあったのです。原発計画は、土地を守り、漁業権を売らず、議会で反対を決議することで拒み続けられます。ただし推進する側は何度でも繰り返し、この三条件に攻撃を仕掛けることができるのです。

そうした推進側の動きを断ち切りたいという強い気持ちが、全国の運動の仲間たちを結び付けました。

私は、この全国集会には参加していません。一年前に勤めていた会社が倒産し、失業してお金がなかったこともありました。東京でできることをしていればよいとの考えもあったのだと思います。

「室」に歴史あり

東京では「原子力中央シンポジウムをやらせない行動委員会」がつくられ、時には連日、原子力委員会や日本学術会議に押しかけて「二本立て公聴会」の中止を申し入れていました。一九七六年五月十一日には学術会議の総会で中央公聴会協力の凍結を決定させるところまで追い込みます。学術会議側はあくまで「二本立て公聴会」のひとつという認識ではなく、しかし「誤解が既成事実として存在している」こと、「政府側にシンポジウムの〝学術性〟について誤解を招くような言動があった」ことから開催を延期するとしました（引用は、『原子力産業新聞』五月十三日号の記事にある学術会議原子力問題特別委員会の中島篤之助監事の報告より）。新潟県も、六月十七日に新潟県労組評議会、柏崎原発反対同盟など地元団体と話しあうものの、地元団体側が要求する「公開討論会＋住民投票」と折り合いがつかず、地元公聴会の中止を要請、十八日には原子力委員会が中止を決定しました。

全国集会のすぐ後の一九七五年九月、原子力資料情報室が発足します。現在は三人いる共同代表のひとりである私（ほかの二人は、物理学者の山口幸夫さんと元生協職員の伴英幸さん）ですが、発足時には会員になりませんでした。いつ、どこでなのか記憶があやふやながら、同室の専従世話人で、すぐ後に代表となる核化学者の高木仁三郎さんとは前年には知り合っていて、東京・神田の司町にあった事務所にもよく出入りしていましたが、「原子力資料情報室は自然科学者の団体」と考えていたので加わらなかったのです。初代代表の武谷三男さんについては、講演を聴いたことはありますが、原子力資料情報室でお会いした記憶はありません。高木さんのいわば私的研究会であるプルトニウム研究会には、プルトニウム利用の社会的側面を研究するというので、いつの間にか会員にされていました。

原子力資料情報室の発足については高木さんが『市民科学者として生きる』（岩波新書、一九九九年）で当時の状況を回顧していますが、ここでは原水爆禁止日本国民会議の元事務局次長の井上啓《ひらく》さんが書かれたものを、原子力資料情報室が一九九五年に発行した『脱原発の二〇年』から引用しておきます。

「『原子力資料情報室』――今でこそ反原発・脱原発運動の情報センターとしてごく自然に受け入れられ、当たり前の存在となっていますが、二〇年前なぜ『センター』と命名せず『室』としたのか、これにはそれなりの歴史があります。

この時期に候補地の住民に原子力の問題点などの情報を送り、反対運動の火をつける役割を果たしたグループとしては、東大、京大、東北大などの若手研究者でつくった全国原子力科学技術者連合（全原連）があります。メンバーは現地住民と寝食を共にするような熱心な働きかけを繰り返し、その後の反原発運動発展への大きな役割を果たしました。また、各地の反原発住民運動を反核運動の中に紹介し、自らの運動として取り組み始めたのが原水爆禁止日本国民会議でした。

七二年、敦賀で開かれた全国活動者会議では関係各県の原水禁と住民団体が参加し、『原発・再処理問題全国共闘会議』の結成と『資料情報センター』設立の方針がうちだされました。前後して、久米三四郎氏、水戸巌氏、市川定夫氏などが、全原連のメンバーとともに住民運動への専門的支援を活発化し、運動は飛躍的に広がりはじめました。

原水禁は各地の住民運動を主体に各県原水禁、労働組合などによる全国共闘会議をめざして、とりあえず『原発・再処理情報連絡センター』をスタートさせ、その情報紙として『原発斗争情報』を発行しはじめました。

しかし、『資料センター』については、各専門家の間に考え方のギャップが大きいこと、『センター』とすると運動の中央司令部的になるおそれがあること、などが指摘され、多様な考え方を持つ専門家の『討論の交差点』、『共同作業の場』として運動とは独立してつくることが最良と判断されました。そして、実際の作業を担う世話人として高木仁三郎氏の了解が得られたことから、七五年に武谷三男氏を代表とする『原子力資料情報室』として発足することになったのです」。

資料要求の取扱いについて

51. 2. 20
資源エネルギー庁総務課

資料要求について、下記の事項に注意すること。

記

1　議員等より直接資料の要求があった場合、原則として政府委員室を通して改めて要求してもらうこと。ただし、当初より提出が困難であると思われるものは極力その場で断ること。
2　レク等で議員に説明を行う際は、事前に長官官房総務課のクリアを得た資料以外は提出しないこと。また、止むを得ず提出した場合はその資料を直ちに総務課へ提出すること。
3　資料の提出に際しては、長官官房総務課及び大臣官房総務課のクリアを得たものを三部（提出分一部を含む）を総務課に提出すること。

「むつ」という船があった

一九七六年一月十六日、科学技術庁の原子力局が、原子力局と原子力安全局に分離されます。原子力船「むつ」の放射線漏れで高まった原子力行政への不信を鎮めるために原子力行政懇談会が設置され、七五年十二月二十九日に、原子力委員会から分離して原子力安全委員会を置くなどの中間取りまとめを首相に提出する（最終報告は七六年七月三十日）のですが、その先取りと言えます。いや、ありていに言えば七五年一月二十九日にアメリカの原子力委員会がエネルギー研究開発庁（のち、エネルギー省）と原子力規制委員会に分離されたことの模倣でしょう。原子力安全委員会は七八年十月四日に発足しました（ちなみに、行政懇談会の有沢広巳座長の試案では「原子力規制委員会」でした)。

一九七六年二月二日、アメリカのＧＥ社で原子炉の設計、安全性評価、品質管理に従事してきた三人の幹部技術者が「原子力の安全性に責任が持てない。原子力開発は行なうべきではない」として辞職します。二月十八日に三人は米議会原子力合同委員会で証言し、高木仁三郎さんが翻訳して『技術と人間』七六年六〜九月号に連載されました。「私たちの考えでは、原発はかならず大事故を起こす。残る問題は、それがいつ、どこで起こるかということだけです」。福島原発事故で改めて問題とされることになるマークⅠ型格納容器の危険性が強調された証言でした。

ここで、オマケです。当時の手帳に通商産業省資源エネルギー庁内にあった掲示を書き写してあったので、記録しておくことにします(前ページ)。昭和五一年＝一九七六年のものです。当時の役人たちの「公開の原則」についての認識がよく見えます。

私の個人的な活動について触れさせていただくと、このころ、津村喬さんが私ほか数人の仲間たちと神田神保町にＡＣＣ(アジア文化センター)という事務所を開設し、カルチャースクールやアジア旅行社的な仕事を始めます。津村「社長」は次々と魅力的なアイデアを出すのですが、「社員」の実行力が伴わず、けっきょく数年で撤退することになりましたが……。ともあれ私は、そこと原子力資料情報室に入り浸りながら、『新地平』『現代の眼』『市民』『世界』『情況』

『朝日ジャーナル』といった雑誌にポツポツと原稿を書く「著述業」という名の失業者をつづけていました。津村さんについては二〇一二年に絓《すが》秀実編『津村喬精選評論集――《1968》年以後』が論創社より刊行され、私も執筆に協力した「原子力推進と情報ファシズム」（『技術と人間』一九七六年十一月臨時増刊初出）を再録していただきました。

ACCでは、さまざまな研究会があり、一九七六年六月八日に発起人会を開いているエネルギー問題研究会には高木さんも参加、ほかに津村さんの実兄でもある高野孟《はじめ》さん、田原総一朗さん、森詠さん、加納明弘さんといったジャーナリスト（森さんも、当時は作家というよりジャーナリストでした）や物理学者の槌田敦さん、自主講座の松岡信夫さん、近藤和子さん、技術と人間の高橋昇さん、「ひとりひとりが原子力の恐ろしさを考える会」の宮島郁子さんらが参加していました。

「ひとりひとりが原子力の恐ろしさを考える会」は、原子力船「むつ」の放射線漏れ事故、というより『週刊朝日』一九七四年十月十一日号に木村繁朝日新聞東京本社科学部長が書いた記事がきっかけで生まれたグループです。反原発事典編集委員会編『反原発事典　シリーズI〔反〕原子力発電・篇』（現代書館、一九七八年）所収の座談会で、宮島さんが説明しています。

「〝むつ〟があんなふうに放射線漏れを起こしてウロウロしている時に『週刊朝日』がひどいことを書きましたよね。反対するヤツは原始人だとか、今まで都市の住民はずいぶんいろんな公害をこうむりながらもガマンしてきたんだから、今度は地方で少しは公害を肩代わりしたっていいじゃないかみたいなことを、いまの科学部長の木村という人が書いた。それを見てカッときたわけです。それですぐ朝日新聞社へ抗議に行こうということで、五、六人で会いに行ったわけです。〔中略〕それで木村記者とやりとりがあったんですけれども、何ともまあ恥ずかしいんですが、原子力の問題なんて私たちよくわからなかったんです。むこうはそれでカサにかかって、けっきょくうまくはぐらかされちゃったんですね。その口惜しさもあって、それじゃこちらも勉強しようというので、月に一回くらいずつ勉強会を開くことにしました」。

『反原発事典』は、日本で最初の「反原発」の本だったのではないでしょうか。「シリーズⅡ〔反〕原子力文明・篇」を七九年に出して終わりました。反原発事典編集委員会とは言っても、シリーズⅠの時には、当時現代書館の編集者だった太田雅子さんのほかには津村喬さんと私の二人しかいませんでした。シリーズⅡでは、科学史の里深文彦さん、イラストレーターの橋本勝さんが加わっています。太田さんは元『情況』の編集者で、いわば雑誌をそのまま本にしたようなシリーズでした。

シリーズⅢでことばの辞典をふくめた「資料篇」をつくろうとし、多くの執筆者の方々に原稿をいただきながら、刊行できませんでした。実は、高木さんに監修をお願いしていたのです。いささかならず大雑把な編集委員会サイドに対し、高木さんは「自分が監修するなら、きちんとしたものを」と生真面目にすべての原稿を読み、手を入れ、何とか統一的で間違いのないものをと骨を折ってくれましたが、けっきょく挫折しました。私は何度か、「これくらいでよいのでは」と妥協を申し入れたものの、叱られて拒否されました。

ロッキードから原発まで

一九七六年八月七八年三月まで連続シンポジウムを行なっています。七七年十二月二日付の『社会新報』で、私が報告しています。

「『原発政治を撃て！』と題したシンポジウムをいま、私たちは一～二ヵ月に一回のペースで開催している。私たちとは、東京の地にあって反原発運動をすすめているプルトニウム研究会、ひとりひとりが原子力の恐ろしさを考える会、柏崎原発反対在京者青年会議、自主講座原子力グループ、原爆体験を伝える会、反広告会議などの有志が集まった同シンポ実行委員会のことだ。昨年八月の『ロッキードから原発まで』を出発点に、ことし十月の『反原発運動交流会』で第八回を数えた。

『原子力開発のタテマエとホンネ』を問い、『美浜一号炉燃料棒事故の真相』を究明し、『プルトニウム社会』を考え、『むつを廃船に！』とアピールし、『カーターの核戦略』を分析し、『エネルギー問題から見た原子力』を検討し……と、各回のタイトルを順にならべてみれば、ある程度まで問題意識の所在を理解していただけよう。

これまでの流れとは一見、趣きを異に受けとられるかもしれないが、この十月二十八日夜には、福島、柏崎、東海、豊北、伊方各地の反原発活動家や京大の市川定夫さんをまじえた『反原発運動交流会』をもった。『反原子力週間77』の企画に参加してのものである」。

「ロッキード」とは、田中角栄・元首相らもからんだロッキード社航空機導入にからむ汚職事件で、津村さんや吉岡忍さんらは、贈収賄の領収書に記された「ピーナツ代」にちなんだ『週刊ピーナツ』を刊行、事件が腰砕けになる中で真相を追及していました。私も顔を出していました。美浜一号炉燃料棒事故とは、一九七三年三月に発生した燃料の大折損事故です。田原総一朗さんのもとに届いた内部告発を田原さんが小説『原子力戦争』（筑摩書房、一九七六年）の付録で暴露、石野久男・衆議院議員が国会で追及し、七六年十二月の総選挙で石野さんが再選されたことで逃げ切れなくなった関西電力・通商産業省も認めるところとなりました。

「交流会」で福島の報告をしたのは、後に双葉町長となって原発増設計画を推し進め、福島原発事故の後の二〇一一年七月十六日に避難先で亡くなられた岩本忠夫双葉地方原発反対同盟委員長でした。岩本さんとは町長当選直後にもお会いし、その時は「町長になっても原発には反対」と言われていたのですが、交流会で「あまりにも激しいカネの攻勢で反対運動もギブアップした」と発言されていたのを、町長として実証することになりました。

「交流会」で岩本さんに続けて「住民は、ほんとうの気持ちとしては原発反対なのに、表面には出せない。毒まんじゅうを食わされて、カネで沈黙させられているのが残念」と語った愛媛県伊方町の廣野房一さんは、九二年の人生の最後まで原発反対を貫き、二〇〇五年七月二十日に亡くなられました。最後に病院に入院した際も、しっかりと名前や住所を答え、「職業は原発反対です」と胸を張ったそうです。伊方原発ＰＲ館裏の国道沿いに廣野さんの名を刻んだ「闘魂の碑」が建てられていて、原発をにらみつづけています。

つづけて私の個人的状況を述べると、一九七七年からしばらくの間、「月刊労働者総合誌」と銘打った『新地平』の編集部にも籍を置いていました。とはいえ、当時の手帳を見ても毎日いろんなところに出歩いており、きちんと出勤していたわけではなかったようです。住まいのあった埼玉県草加市の新田駅と『新地平』の事務所があった東京の大久保駅との「往復五四〇円」というメモがあったりするので、定期券も持っていなかったのでしょう。このことに限らず、記憶にはまったく自信がありません。

余談ですが、当時はよく会っていたことが手帳の記録に残っている森詠さんに『反原発新聞』一九八九年一月号のインタビューをさせていただいたときには、初対面のように挨拶をしていました。森さんのほうも同様だったので、お互い様ですが。そんなことがしょっちゅうです。『高木仁三郎著作集』（全一二巻、七つ森書館）の解題でもスリーマイル島原発の事故後に初めて野間宏さんのお宅を訪ねたように書いてしまったあとで、七七年九月二十二日の手帳に「野間氏宅」とあるのを見つけました。

連続シンポジウムの報告の最後に「反原子力週間77」とあります。十月二十六日を「原子力の日」と定めての原発推進キャンペーンが一九六四年から始まったことは先に述べました。これに対抗して「反原子力の日」と呼び、反対のキャンペーンをすることが七七年に全国で始まります。山口では電産（日本電気産業労働組合）中国地方本部という中国電力の少数派第一組合の山口県支部が、初の反原発ストを終日行ないました。

東京では、十月二十三日から二十九日までの「反原子力週間」としました。二十五日には、野間宏、竹内直一（日本消費者連盟代表）、前田俊彦（三里塚空港廃港宣言の会会長）の各氏らが呼びかけた「原子力開発を考え直そう！」というアピール発表の記者会見がありました。「野間氏宅」におじゃましたのは、その準備過程でのことだったようです。二十九日の「反原子力東京集会」では、竹内さん、前田さんと、やはり呼びかけ人のひとりだった高田ユリさん（主婦連合会副会長）が挨拶をされました。

アメリカの失敗

この一九七七年十月の十九日から、ＩＮＦＣＥ（国際核燃料サイクル評価）という国際会議がスタートしています。八〇年二月二十七日までの長丁場でした。『反原発新聞』八〇年四月号で高木仁三郎さんが解説しているのをお借りしましょう。

「ＩＮＦＣＥ（国際核燃料サイクル評価）というのが、二月末に最終総会をやって終わった。その結論をマスコミは『日本の再処理に道』とか『濃縮も認められる』とかはやしたてた。しかし、ＩＮＦＣＥのかんじんな結論は、原子力の商業利用と軍事利用を切り離す技術などありえない、ということだ。

ＩＮＦＣＥは、核拡散に危機感を持ったカーター米大統領の提唱で、核の軍事利用と商業利用を区別できる技術についての国際的合意をめざして始められた。その結論は、『核拡散は、一義的には政治的問題であり、技術的な問題ではない』ということで、これはつまり、『名案はないから、各国勝手にやりましょう』ということだ。後は輸出国と輸入国の駆け引きにまかされたわけである。

ＩＮＦＣＥは完全な破産だった。もちろん、ＩＮＦＣＥは推進勢力の利害調整の場だったから、安全や環境の問題などはまったく無視している。ＩＮＦＣＥで再処理や濃縮や高速増殖炉にゴーサインが出たような言われ方は、まったくのゴマカシである」。

高木さんは、これを「プルトニウム時代を拒否するために」という三回連載の「反原発講座」の第一回で論じました。国が前面に出る時代とは、すなわち核燃料サイクルが具体化する時代でもあったのです。そしてそれは、高木さんも言うように、原子力に「平和利用（商業利用）」などありえないことを改めて突きつける時代でした。

インドが「平和利用」の原子炉の使用済み燃料から再処理で取り出したプルトニウムを使って核実験を行なったのが一九七四年五月十八日です。七一年六月十一日に着工した東海再処理工場は、七四年九月四日からウラン試験を開始しますが、使用済み燃料を使うホット試験を前に七七年四月二日から始まった第一次日米原子力交渉の最中の四月七日、カーター米大統領は、商業用再処理の凍結と高速増殖炉開発の無期限中止を内容とする新原子力政策を発表します。前述のＩＮＦＣＥにつながっていくのですが、その前に日米交渉です。第一次交渉は七七年四月十八日まで。第二次交渉が六月。同月二十七日から七月十一日の日米合同調査団による現地調査を経て八月二十九日から九月一日の第三次交渉で、二年間の規定量再処理などで合意、九月十一日に共同決定、二十二日にホット試験が開始されました。

翌一九七八年九月七日に第一回、七九年一月二十二日～二十三日に第二回、十月三日に第三回の日米技術専門家会合が開催され、十月十九日、プルトニウムを単独で取り出さない混合抽出法の実験が行なわれます。それに先立つ七九年十月一日、日米両政府は運転期間延長に関する口上書を交換、八〇年四月三十日までの延長に合意して十一月十九日、一年三ヵ月ぶりに試験が再開されました。八〇年二月二十四日に終了しています。

本格運転の開始は八一年一月十七日です。二月二十四日、再処理枠の追加と六月一日までの運転期間に関する日米共同決定に署名、五月八日には恒久的解決を図ることで合意、十月三十日に八四年末までの延長が共同決定されました。その後も協議を続けながら延長され、八七年十一月四日に日米政府間で署名、八八年七月十七日に発効した新日米原子力協定で「包括的事前同意」が認められます。

日本政府の粘り強い交渉の成果というわけですが、後にこんなことを言う人もいました。「あのときアメリカが、再処理をやってはいかんと言わなかったら、おそらく日本はやっていなかった。やはり意地になってでもやらざるを得なくなった（笑い）。僕はあとで、副大統領になったのかな、宇宙飛行士でグレンという上院議員の強硬派がいたんです。その人に『日本の再処理を促進してくれたのはアメリカだった』と言ったんですが」（前出『森一久オーラルヒストリー』）。

我が愛しの『反原発新聞』

一〇年も先に進んでしまいました。もとに戻って一九七六年一月二十一日、電力社長会はイギリス核燃料公社に使用済み燃料の再処理委託を決定。四月十三日には日本原子力産業会議の核燃料サイクル問題懇談会が初会合。五月四日に資源エネルギー庁の核燃料研究会が核燃料サイクル確立のための長期ビジョンと行動計画を発表します。十二月二十一日には総合エネルギー調査会の原子力部会が中間報告をまとめ、民間再処理などを打ち出しました。

政府は一九七七年三月二十二日、再処理の民営化などを織り込んだ原子炉等規制法改正案を国会に提出。同月二十五日には原子力委員会が再処理問題懇談会を設置。政府も、科学技術庁長官を議長とする核燃料特別対策会議を設置しました。九月三十日、電力一〇社がフランス核燃料公社への再処理委託に調印、資源エネルギー庁の核燃料研究委員会は七八年八月十五日、二〇〇〇年にいたる核燃料サイクル戦略をまとめます。

上記の原子炉等規制法改正は、他法案の優先審議により廃案、一九七八年二月二十一日に再提出されて七九年六月一日に成立しました。十二月十八日に施行、民間再処理会社の日本原燃サービスが八〇年二月一日に発足します。

再処理工場は、後述のように青森県六ヶ所村に建設されることになりますが、それ以前にさまざまな候補地の名前があがりました。列挙してみましょう。北海道利尻島、奥尻島、青森県東通村、むつ市、山口県上関町、長崎県平戸市、鹿児島県徳之島、沖縄県西表島、沖大東島……。

このうちかなり具体的に話が煮詰まっていたのは奥尻島で、前出の森一久編著『原産半世紀のカレンダー』で森さんが書いている「秘話」によれば、「いよいよ日本原燃サービス社も腹をかため、時機をみて正式に奥尻島に立地を申し入れようとした」といいます。一九八三年のこと。「具体的には、直近の北海道知事選挙の『翌日にでも島に出向きたい』と考えていたのであった。ところが、同知事選挙の結果は、大方の予想に反し、現職知事の後継者が敗れて、社会党の横路氏が当選、政治情勢は一変してしまった。このために原燃サービスは急遽青森県へのアプローチを急ぎ、二年後に六ヶ所村が『三点セット』の敷地に決まった」そうです（三点セットとは、再処理工場、ウラン濃縮工場、低レベル放射性廃棄物埋設施設の三つ。当時は高レベル放射性廃棄物管理施設は再処理工場の付属施設とされていました）。

またまた先走りました。少し時間を戻して一九七八年五月から、『反原発新聞』の刊行が始ります。『草の根通信』九八年九月号に書いた拙文を再録しましょう。

＊

発行までの経緯を述べようとすると、七五年八月の第一回反原発全国集会（於京都市）にさかのぼる。このとき、各地の地元紙の記事を集め、お互いに別の地域の情報を知り合えるようにする通信がつくれないだろうか、との話が持ち上がったそうだ（私自身は参加していない）。それぞれの地元では大きく報道される動きでも、別の地域ではベタ記事にすらならない、という報道の現実があったからである。

その切り抜き通信の考えがさらにふくらんで、地元紙の記事に頼るのでなしに各地の人が自ら伝えたいことを書いて自分たちの新聞をつくろう、と話がふくらんだ。しかし新聞づくりにはそれなりの体制が要る……。

と考えているうちに、勤めていた広告制作会社がツブれて「著述業」という名の失業状態にあった私の姿が目にとまったものか、久米三四郎さん、高木仁三郎さんのお二人に呼び出されて、編集専従者となることを求められた。発行責任者は久米さん、編集責任者は高木さんという頼りがいのある提案に否も応もなく、二つ返事でOKして、いっきょに構想が具体化する。

デザイナーの及部克人さんにレイアウトをお願いし、〇号をつくって、全国各地の人に集まってもらい、B四判四ページで月刊の新聞の創刊を決めた。発行主体として反原発運動全国連絡会が結成され、久米さんをふくむ十数名の経営委員会が、発行の責任を負うこととする。紙代がコゲつけば経営委員が連帯責任で分担支出する（実際にそんなこともあった）など、実に厳しい覚悟の委員会である。

＊

久米さん、高木さんから話を受けたのは、手帳を見ると一九七七年十二月六日、大阪でのことのようです。この日、高木さんの講演会が大阪であって、その夜に三人で会っていました。十八日には創刊準備号（〇号）の取材で女川に行っています。前夜の東北本線で上野を発って小牛田へ、そこで石巻線に乗り換えて女川へというルートが、手帳に残っていました。一〇時からの集会に参加して、その日のうちに上野に戻りました。〇号の一面に記事を書いたのですが、「現地のことは地元の人に書いてもらうように」と久米さんに叱られました。久米さんの理想はあくまで地元の人が主体で、編集者は、依頼もせずに集まってくる原稿を並べればよいというものでした（実際にはむりで、やはり依頼することが多いのですが）。

〇号は三月一日に原子力資料情報室に到着。四月八日〜九日に大阪で集まりをもって新聞発行を決め、反原発運動全国連絡会を結成します。各地の代表の方々に引き受けられる部数を申告してもらったものの、大きな部数にならず、もう一巡、追加を言ってもらって何とか発行のめどをつけました。そんなふうにスタートしているので、当時からの支局は結束が固く、三重県熊野市、兵庫県浜坂町（現・新温泉町）など原発計画をとっくにつぶして自分のところになくなっていても、いまもつづけてかなりの部数を扱ってくれています。

四月十四日に新橋の新しい（建物は古い）事務所に入って五月に創刊。以後、合併号は出さず、一月も欠かさずに刊行をつづけています。創刊号の一面は伊方原発訴訟敗訴の記事でしたが、第二号では一九七八年五月十四日、山口県豊北町の町長選で反原発の町長が誕生したニュースになりました。反原発運動が「はっきり勝つことがはじまった年が、『はんげんぱつ新聞』創刊の年だった」と私は、反原発運動全国連絡会編『脱原発、年輪は冴えていま』（七つ森書館、二〇一二年）所収の「日本の反原発運動史の現在──『はんげんぱつ新聞』の歩みから」に書きました。

海外では一九七八年十一月十五日、オーストリアの国民投票で、五〇・五パーセント対四九・五パーセントの僅差で既にできあがっていた同国初のツベンテンドルフ原発を運転に入らせず廃止すると決めた年でもありました。チェルノブイリ原発から一年の四月二十六日に向けて「日本の反原発の仲間たちへ」と送られてきたアピール（『反原発新聞』一九八六年四月号に掲載）で、ウィーンの環境科学・自然保護研究所のペーター・ヴァイスさんは、こう書いていました。「私たちの勝利はほんのわずか。たった三万票の差だったのです。したがって、反対運動家たちは、誰でも言うことができたのです。『もし私ががんばらなかったら、投票には負けていただろう』と」。含蓄のある言葉です。ヴァイスさんには、八八年四月に行なわれた「原発とめよう二万人集会」に、海外ゲストのお一人として参加していただきました。その時にお聞きしたところでは、原発の工事が七一年に始まったときの抗議デモは、たった一〇人だったというのです。それが七年後には国民投票で勝利するまでに運動を広げることができたとは！

こわくて凄くてすてきな人たち

『はんげんぱつ新聞』と『反原発新聞』がこれまで出てきましたが、〇号は『はんげんぱつ新聞』、創刊から一九九三年十月号までが『反原発新聞』、十一月号以降が『はんげんぱつ新聞』です。ひらがなの第〇号は及部克人さんの命名ですが、当時は「闘いの気分が出ない」と不評で、漢字に変えて創刊しました。印刷をお願いしていたライブ印刷の桐野敏博社長を通じて赤瀬川原平さんに、新聞にふさわしい題字までつくっていただいたのですが、それをまた「反原発は硬い」としてひらがなに戻したわけです。及部さんが一五年ほど時代を先取りしていたということでしょうか。

高木さんも久米さんも亡くなってしまいました。高木さんについては後述するとして、久米さんが亡くなられたのは二〇〇九年八月三十一日でした。十一月十五日に京都で開かれた「久米先生を偲ぶ会」の報告を『はんげんぱつ新聞』十二月号でしています。その中から新聞に触れた部分を抜き出しておきましょう。

「原稿もいろいろとお願いしましたが、注文通りにはお引き受けいただけず、必ず逆提案があ

2003 年 12 月 7 日敦賀市内デモ。「廃炉へ！」のうしろに並ぶ小木曽美和子さんと筆者

りました。それだけ真剣に、大事に考えていただいていたのだと思います。〇八年五月号の新聞誕生三〇年に当たって一面のエッセイをお願いしたところ、初めて即座にご承諾いただき、妙にさびしく感じたことが思い出されます」。

久米さんの講演はわかりやすく、また、ユーモアたっぷりで、聴衆にとってはやさしい先生でしたが、運動を担う中心メンバーに対してはきわめて厳しい叱咤激励がありました。原子力発電に反対する福井県民会議の事務局長をつとめた小木曽美和子さんも自称「犠牲者」のお一人です。ところが私には、新聞の編集者に引きずり込んだという思いからか、「こいつはダメだ」とあきらめたのか、あまり厳しい注文はつけられませんでした。いつも原則的な姿勢を崩

(1)　反原発新聞　第1号　1978(昭和53)年5月15日　【月1回刊・1部200円／年間予約購読2000円】

反原発新聞

反原発運動全国連絡会
東京都港区新橋6—11—3
プルトニウム研究会気付
電話　03(436)1468

本号の主な記事
電力労働者に処分攻撃
史上最低の原発設備利用率……2面
伊方判決に抗議する
原発増設に反対！柳井……3面
反原発闘争；温排水の被害……4面

伊方訴訟
「辛酸入佳境」非良心的なウソ偽りの判決

伊方原発反対八西連絡協議会
原発反対八幡浜市民の会　西園寺秋重

四月二十五日、松山地裁は、伊方原発1号炉の設置許可取消しを求めていた住民の訴えを全面的に退ける判決を下した。この不当な判決に、伊方の住民はただちに反撃を開始し、新たな闘いへの決意を明らかにするとともに、三十日高松高裁に控訴した。（T）

発刊にあたって

反原発運動全国連絡会　代表　阿部宗悦

茨城県東海村に我が国初めての原子力発電実験炉が建設されて以来、政府はこれを既成事実として、原子力平和利用の三原則である『自主、民主、公開』の原則を踏みにじり、安全性を無視し、自治体を抱き込み、電力資本、国、自治体が一体となって強引に原子力発電の建設を推し進めようとしてきました。

原発予定地の私たち住民にとって、原発の本質的な危険性をあいまいにして原発建設を許すことは、自殺行為です。国の有無をいわせぬ強引なやり方に対する怒りと、そして原発に関する学習を深めれば深めるほど、私たちは原発の白紙撤回を叫ばずにはいられません。

現在、各地の原発で原子炉中枢部のひび割れ事故、放射能もれ、労働者の被曝死、被曝者の増大等、予想を超えた危険性が国民の前に露呈してきました。が、これも十数年に亘る根強い反原発闘争によって暴露されたものであり、今や、反原発闘争は海や農地を守る闘いから人類の生存をかけた闘いとして、漁民、農民、労働者、消費者等、広範な闘いが構築されつつあります。

しかし、これまで私たちの運動は、報道分野において分断されていました。私たちはこの事実を認識し、全国各地の反原発を闘う人々が一堂に会してそれぞれの闘いを学び合い、闘いを連帯から結合へと飛躍、発展させることを願って、ここに『反原発新聞』を発刊することになりました。

私たちは皆さんと共に、反原発闘争の武器としての『反原発新聞』発展に努力していきたいと思います。

東電、松林の伐採を開始
反対同盟は連日の阻止行動

柏崎

三重・紀勢町
新町長、原発推進の凍結へ

風車

『反原発新聞』第１号（1978年５月）

(1)　反原発新聞　第427号　2013年10月20日【毎月1回20日刊／1部250円／年間予約購読3000円】1978年11月27日第三種郵便物認可

反原発新聞

はんげんぱつ新聞

第427号　2013.10

●水害と原発事故が重なったら……2面
●柏崎刈羽6、7号の審査申請……2面
●各地からの便り……3面
●福島からのメッセージ…4面
●講座：甲状腺検査……4面

反原発運動全国連絡会　〒162-0065 東京都新宿区住吉町8-5 曙橋コーポ2階B　TEL&FAX03(3357)3810　郵便振替00190-5-12484

http://www.hangenpatsu.net/

書　西山隆雄

原発稼働が再びゼロとなった。「もう原発動かすな！」

世界と全国と福井県民が決意を固めあう

林　広員《ひろかず》（もう動かすな原発！福井集会実行委員会事務局）

国内で唯一稼働していた関西電力大飯原発4号機が定期検査に入り原発稼働がゼロとなった9月15日、福井市中央公園で「もう動かすな原発！福井集会」（実行委員会主催）が開催され、800名を超える人々が参加しました。

集会の冒頭、福島県南相馬市出身で滋賀県で避難生活を送る青田恵子さんが自作の詩を朗読。「原発はいちどに何もかも奪った」と、故郷に戻れない怒りを訴えました。実行委員長の中嶌哲演・明通寺住職は、「今こそ『もう動かすな原発』『再稼働反対』『さよなら原発』の目標に向かい、手を取り合い、大きくつながろう」と結束を呼びかけました。

会場には、宇宙飛行士の秋山豊寛さんや作家の広瀬隆さんらも顔を見せました。韓国から参加した環境運動連合の金恵貞（キム・ヘジュン）代表は、「放射能汚染に国境はない。韓国市民も福井での再稼働反対の運動を強く応援している」とエールを送りました。

希望する参加者37名が1分間スピーチで登場し、「危険な原発はいらない」「放射能汚染水がコントロールされているという安倍首相の発言は許せない」など、若い女性から高齢の男性まで、日本全国、福井県民も多数が参加し、発言しました。うたごえやトランペット、フルートの演奏などの出演もありました。集会後に、横断幕やのぼり旗を手に、公園と福井県庁周辺の約1・8キロを練り歩き、「原発再稼働反対」などのシュプレヒコールを上げました。

今回の集会は、スタートです。再稼働ストップに向けて福井県内のあらゆる団体との一点共闘、日本全国20府県からの参加者、韓国やメッセージをもらったモンゴルなど世界・アジアとの連帯を強めて、反対する根拠をはっきりさせ、国民的反対運動の輪を広げるため、今後もがんばりたいと思います。

田中正造と原発事故

坂原辰男

［坂原辰男さん］
1952年、栃木県佐野市小中に生まれる。田中正造の生家が近くにあり、86年から田中正造大学を開校。生家を拠点に田中正造の思想と行動を全国に発信している。今年は没後100年目に当たり、顕彰事業を実行中。10月13日には、「田中正造未来への大行進」を実施した。

田中正造が亡くなって、2013年は丸100年を迎える。足尾鉱山鉱毒事件の解決に向けて奔走し、明治天皇に直訴した人間で、エコロジストの先駆者と呼ばれた人である。今では自治・人権・平和の思想家として研究されるようになった。正造の思想と行動が今、改めて注目されている。

2011年3月11日、東京電力福島第一原子力発電所の事故が発生した。事故はまさに「想定外」であったが、改めて日本の社会的構造が問題にされた。原発事故で多くの被災者を生み、放射能被害から逃れるため多くの避難民を生んだ。

ここで正造の言葉が注目された。「物質上、人工人為の進歩のみを以てせば社会は暗黒なり。デンキ開けて世間暗夜となれり。（中略）日本の文明今や質あり文なし、知あり徳なしに苦しむなり。悔い改めざれば亡びん。今すでに亡びつつあり。否すでに亡びたり」と。

正造が晩年、足利の知人宅に寄留した時の日記の言葉である。田中正造の文明論である。正造はすでに100年後の日本の状況を予見したかのように、現在の原子力産業の落とし穴を突いた。東電のこの事故は、まだ到底「収束」したとは言えない。現在でも垂れ流しの冷却水は続いており、「安全」をコントロールはできていない。

こんな状態にも拘らず、日本の政治家はオリンピックに海外から多くの人を受け入れられると断言している。まさに嘘を平気で世界の人々へ話しているのだ。日本は本当の文明社会ではない。正造は言う。「真の文明は、山を荒さず、川を荒さず、村を破らず、人を殺さざるべし」と。

ここに今、私たちが田中正造没後100年記念事業をする意味がある。没後100年が過ぎれば、今までと同じでいいか。そうではない。没後100年はあくまでも通過点である。没後100年を機会に、何かを始めるのである。その何かを見つけるのが、私たちの課題である。地球の環境問題が大きな課題となっている21世紀は、まさに田中正造を必要としている。

DATA BOX

日本のプルトニウム保有量
（2012年末）

全プルトニウム　44.2トン
うち核分裂性プルトニウム　29.6トン

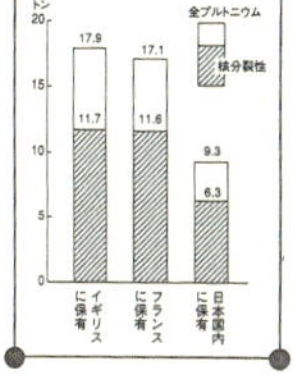

風車

9月19日に福島第一原発を視察した安倍首相は、同原発5、6号機の廃炉を決定するよう東京電力に要請した◐東京電力は、年末までに判断すると同日、コメントを発表した。首相も東電も福島第二原発についてはなお黙りを決め込んだが、30日の衆議院経済産業委員会で茂木経産相は同原発も廃炉とされるべきことを示唆した。年末までに判断するというのなら、第二原発1～4号機の廃炉もきちんと決めるべきである◐電力会社が廃炉に踏み切れない理由の一つが、廃炉を決めた途端に、減価償却が済んでいない資産の残存簿価や廃炉費用の積み立て不足金を一括で費用計上する必要があることだった。巨額の特別損失が発生するのを避けるために、後送りしてきたのである。そこで経産相の諮問機関である総合資源エネルギー調査会のワーキンググループは9月30日、「対応策」を決定した。「円滑かつ安全な廃止措置」を電力会社に行なわせるためとして、会計ルールの原則をあえて踏み外し、運転終了後も主要設備の減価償却や廃炉費用の積み立てができるようにしたのだ。しかし、本当に廃炉を促すしくみになっただろうか◐それには不十分不合理なルールにとどまっている。責任逃れを許さない一方、早く廃炉にしたほうが得になる「対応策」を私たちも本気で考えたい。（N）

『反原発新聞』第 427 号（2013 年 10 月）

さない小木曽さんのほうがこわかったくらい——と、その小木曽さんも二〇一二年六月二十四日、帰らぬ人となられました。常に運動の先を見つめる大先輩であると同時に、とてもかわいらしいところもある（と言っては失礼か）すてきな方でした。

『反原発新聞』一九八七年一月号の座談会での発言が、強く心に残っています。「男の運動っていうのは、数と力なんですよね。集会をやっても数で成功かどうかをはかろうとする。私は、そうじゃないと思うんです。どれだけ持続力をもって運動ができるのかっていうことじゃないかしら。小さくても、生活の場で、何ヵ所もで動きがつくれれば、そのほうが大きな力になると思う」。

もちろん、何回かの全国集会で呼びかけ人や共同代表になられていた小木曽さんですから、数を否定されていたわけではありません。でも、「運動は人間」なのです。

2　青天の霹靂——TMIショック走る（一九七九〜一九八三年）

原子力村の人々

一九七九年三月二十八日、アメリカのスリーマイル島原発二号機で、世界初のシビアアクシデントが起きます。安全審査時の想定を超える過酷事故が、すなわちシビアアクシデントです。その後八六年にはチェルノブイリ原発事故、二〇一一年には福島原発事故と、より大きくより深刻なシビアアクシデントがつづくのですが、私にとってはスリーマイル島原発事故こそ最も衝撃的な事故でした。原発の危険性というより推進キャンペーンや核管理社会のおぞましさから反原発の運動に入った私は、各地で講演をしたりすることが否応なくある中で危険性を訴えていながら、実感を持てずにいたのです。

否、私ばかりでなかったのかもしれません。事故から五年を迎えた一九八四年三月号の『反原発新聞』で、原発設置反対小浜市民の会の中嶌哲演さんが、次のように述べています。「原発というものが巨大な危険性を内包していることは、理屈の上では承知していたわけですけれども、そんな事故が余りにも早く現実になったということに、つね日頃そうした危険を訴えていた私たちでさえ驚いたのです」。

つまり「安全神話」は、実は反原発運動の中にも根を下ろしていたということでしょうか。言い換えるなら、であればこその「安全神話」だったのです。それが、音を立てて崩壊しました。ともかく忙しい日々となりました。野間さん宅訪問の記述に記憶違いがあった『高木仁三郎著作集』第一巻の解題から再録します。

「事故翌日の三月二十九日には原子力資料情報室に行っている。翌三十日には『科学技術庁‐通産省』のメモ。さっそく抗議に駆けつけたのだろう。以下、連日、科学技術庁、通産省、東京電力への抗議・申し入れ行動と数度の緊急集会、その準備、アメリカの反原発グループとの情報交換に明け暮れていた。

高木さんは、一方で市民グループとともに『全原発の即時停止』を求める運動を組織し、他方で、いまはともに故人になられた野間宏、小野周《しゅう》両氏を代表として五月二十四日に発足する『原発モラトリアムを求める会』の仕掛けをしていた（後者はいわば内緒話だが、まあ、時効だろう）。四月八日にはもう野間さんのお宅を訪ねている。手帳の記述を見て、本に埋もれた野間さんの書斎を思い出した」。

原子力開発が始まったころには、前述のように、所管官庁は総理府の科学技術庁でした。その後、商業用の原発が建設されるようになると、発電所としては通商産業省の所管になります。裁判でも、伊方訴訟や東海第二訴訟のときには、原子炉の設置を許可するのは内閣総理大臣ですから、総理大臣が被告です。それが原子力行政懇談会の提言に基づき一九七八年六月七日に原子力基本法などの改正案が成立、十月に施行されて通商産業大臣の許可に変わります。そのことに気づかず内閣総理大臣を被告として原子炉設置許可取り消しの裁判を起こし、無効とされた事件まで起きました。

そのように原発そのものの規制行政は通産省に移ったのですが、なお科学技術庁には防災や放射性廃棄物の規制、国際協力、核燃料サイクル施設や研究開発段階の原子炉の推進と規制など、かなりの所掌事務が残っていました。何より原子力委員会と原子力安全委員会の事務局を担っていました。九州大学大学院の吉岡斉《ひとし》教授言うところの科学技術庁（のち文部科学省）と通商産業省（のち経済産業省）の「二元体制」（『原子力の社会史』朝日選書、一九九九年）です。この両者はとても仲が悪いようで、一方の当事者である通産省資源エネルギー庁原子力発電課の岩本晃一技術係長が『電気とガス』一九八五年十一月号で堂々とこう書いていました。「役所はとかくケンカをするところである。特に通商産業省は行政対策をする範囲が広いことから何かしら他省庁とケンカを行う。原子力分野においても同様であり、通商産業省と科技庁間で所轄争いを行うことが多い」。

原子力委員を辞任するにあたってのあいさつ文（『原子力委員会月報』一九八五年四月号）で、島村武久・元委員は、委員を引き受けたときの目標のひとつが「当時批判の的となっていた省庁間の確執の解消」と書いていました。川上幸一神奈川大学教授をインタビュアーとした『島村武久の原子力談義』（電力新報社、一九八七年）で「『両省庁間のみにくい縄張り争いみたいなことをやめさせようと思った』と原子力委員会月報に書いたら、事務局から『みにくいだけは消してくれませんか』と言ってきた」と語っていますから、元の原稿はかなり率直だったようです。

スリーマイル島原発事故の前後は、一九七八年春から七九年秋まで、カナダからのCANDU炉導入を目指す通産省と自主開発の新型転換炉をという原子力委員会・科学技術庁との、まさに悪罵投げあいの大喧嘩の真っ最中でした。島村さんをふくむ原子力委員会も、「確執の解消」どころか、確執の当事者でした。

『原子力工業』八〇年二月号でなおCANDU炉にこだわる通産省資源エネルギー庁の児玉勝臣審議官は、原子力委員会サイドを「あの人たちは、日本国内だけの原子力開発、核燃料サイクルなんて、スケールの小さいことしか考えていない」「原子力村の人々」と呼んでいます。ひょっとしたら、「原子力村」という、いま流行中の言葉の使用第一号だったかもしれません。

いずれにせよ両省庁の二元体制が、どちらにも抗議をしなくてはならなかった理由です。

その後、二〇〇一年一月の中央省庁再編で、ほとんどの規制行政は通産省の後身である経済産業省に新設された原子力安全・保安院に一元化されます。原子力委員会・原子力安全委員会は内閣府に移り、さらに一二年九月十九日に原子力安全委員会の後身である原子力規制委員会と原子力安全・保安院の後身たる原子力規制庁（委員会事務局）が発足して、原子炉の設置許可も同委員会が行なうことになりました。行政訴訟の被告も原子力規制委員会となります。

夜の明けるまで

スリーマイル島原発後の省庁抗議に話を戻します。一九七九年四月五日、全国の住民は通産省に押しかけ、全原発の停止を求めて徹夜の交渉を行ないました。『反原発新聞』五月号から採録します。

＊

四月五日、愛媛の伊方原発反対八西連絡協議会からの呼びかけにこたえて、反原発運動全国連絡会に集まる全国各地の住民闘争の代表が、通産省におしかけた。ところが通産省は、一〇〇人を越す人々を資源エネルギー庁のある旧館ロビーに誘導したあげくに、代表の方五、六人とお会いしたい、といつもの決まり文句。しかも相手は計画課の係長とか。

「わたしらは原発を止めろ言うとるんです。止めることのできる通産大臣が会わんといけんでしょう」と強く要求し、ぼんやりと待ってもいられないと、ロビーに座り込んでの抗議集会がはじめられた。この日の共同行動を呼びかけた伊方から経過報告とあいさつ。続いて川内（鹿児島）、玄海（佐賀）、田万川（山口）、敦賀・美浜・大飯・高浜（福井）、熊野（三重）、太地・古座（和歌山）、能登（石川）、浜岡（静岡）、柏崎・巻（新潟）、東海（茨城）、女川（宮城）各原発設置地や電産中国の代表が次々と立って、怒りをぶつけ、力強い決意表明を行なう。遅れて島根や奄美の仲間も駆けつけてきた。

求めることはただひとつ。既設の原発の撤去と、建設・計画中の原発の白紙撤回だ。

通産省側は、ぐずぐずと同じことを繰り返し言ってくるのみ。抗議集会は、なお続く。高齢者もふくめて、四月とはいえ冷たいコンクリートの床に座りこんだままだ。

「伊方原発の完全撤去を求める要求書」が読み上げられ、伊方訴訟弁護団の要求書が続く。新潟大原発研、阪大原発阻止委、さらに東京の諸団体。

三時過ぎ、「通産大臣は会えないと原子力発電課長が言っている」との職員の言葉に「直接課長の口から聞こう」と、四階会議室に移動した。通産大臣はなぜ会えないか。鎌田吉郎原子力発電課長らが時によりさまざまに言うのを要約すれば、通産大臣江崎真澄は、党務についているが「行方不明」であり、「皆さんがこられるとは知らない」が、「発電課長が代わって話を聞くように指示した」という。

そんな支離滅裂の言いわけをした後は、鎌田課長ら四人、時折「そろそろ時間ですので」と開き直って帰ろうとするほか何ひとつとして口を開かない。諄々と道理を説くのにも、涙ながらに訴えるのにも耳を貸そうとせず、怒号にも狸寝入りで答える。大飯原発の技術的脆弱性に関する二〇項目もの具体的な指摘にも黙殺しか帰ってこなかった。

八時近くなって、六時から霞ヶ関の全日通会館で開かれていた反原子力東京連絡会議の集会参加者が、ガードマンの阻止線を破って交渉に加わってきた。鎌田課長らは住民に体当たりして挑発、二〇〇人余の怒りの壁におし返される。

そうしたなかで、一一時前、小浜市の僧侶中嶌哲演さんの提唱で、二〇分間、抗議の沈黙が行なわれた。さまざまな想いで、静かに目を閉じる。この時まで、怒りのあまりについ口をついてでた乱暴なもの言いや人を差別する表現が、この沈黙を境にして消えていった。が、鎌田課長らにとってはそれも単なる休憩時間。とうとう翌朝までダンマリを通した。そして六日午前七時二〇分になって、「大臣秘書官と連絡を取る」と約束して会議室を出たまま戻らなかった。

八時過ぎ、しびれをきらした抗議の一〇〇人は大臣室に向かったが、新館の扉は閉鎖されている。玄関前で抗議集会を開き、各地での闘いの継続を誓い合い、固く握手。

＊

この後、私がひとりで通産省の前を通りかかってもガードマンが慌てて鉄柵を閉めることがしばらくつづきました。それはともかく、このスリーマイル島原発事故で「二本立て公聴会」が生き返ってしまいます。中央公聴会が「スリーマイルアイランド原発事故学術シンポジウム」

となり、原子力委員会に代わって原子力安全委員会が日本学術会議と共催することになるのです。その年の初めから、前年に発足した原子力安全委員会と日本学術会議の間で「専門家シンポジウム」の話が出ていたというのですが、スリーマイル島原発事故を受けて一気に具体化しました。

地方公聴会は、「公開ヒアリング」と名前が変わります。安全審査に入る前の段階で、まず通産省が主催する第一次公開ヒアリングを開き、電力会社の計画説明の後に住民の意見を聞きます。それにまた電力会社が答えるというものです。通産省による安全審査の終了後、再審査（ダブルチェック）を行なう原子力安全委員会が第二次公開ヒアリングを主催し、通産省の説明を受けて住民の意見を聞き、通産省が答えます。公聴会という名の説明会でしょうか。「聞き置くだけの公聴会から一歩前進」と説明されましたが、反対派は「公開ヒアリングでなく非公開スピーキングだ」と批判しました。

彼らは嘘を愛しすぎてる

「学術シンポジウム」開催の新聞報道に驚いた私たち東京の反原発グループは、一九七九年七月二十五日の学術会議運営審議会に再検討を要望しました。会議の席で発言することはできませんでしたが、学術部長に要望書の代読を託しました。その結果として運営審議会では慎重論が続出、結論は九月六日に持ち越されます。

その九月六日、運営審議会はシンポジウムを行なう決定を強行しました。この日、計画中止を求めて学術会議に詰めかけたのは、行動の呼びかけをした福島、熊野の原発反対同盟と、巻、太地、島根、伊方の各住民組織、それに金沢、大阪、京都、松江、鹿児島、東京の市民・学生グループ、電産中国の労働者など。学術会議側は、前回と打って変わってまずは対応を拒否（「あの時は事前に連絡がなかった。今日はあらかじめ来られることが知らされていたから」という理由で）。すでに決定が出た後でやっと住民代表の会見を受け、おまけに途中で「要望書は審議に間に合った」とウソの報告が入るという対応でした。「住民をペテンにかけたことで、シンポジウムの性格はまったく明らかになった」と抗議の声明を発表しました。

十月二十四日には学術会議の総会が開かれ、福島、浜岡、それに東京のグループが、会員へのビラ配布と総会会場での伏見康治会長への抗議・申し入れを行ないました。その結果、会員の中からも執行部に批判が出ます。けっきょく翌日まで議論を持ち越して二十五日、反対の意見を多数決で押しきったのです。

一部マスメディアは「反対派が議場に乱入」と報じましたが、これは著しく事実に反します。私が単身で議場に静穏に入り、「議事の前にひとこと発言を」と求めたものでした。であればこそ、「職員は発言者を排除しなさい」との会長の命にもかかわらず、ひとりとして排除しようとする者もなく、むしろ会員から「発言させろ」と声があがったのです。総会の式次第ではシンポジウム問題を討議する予定はなく、他の案件と一括しての承認事項となっていたため、私は「静かに傍聴するから、討議の議題としてほしい」と要望しました。会員からも批判された伏見会長は突然、始まってもいない総会の「休会」を宣言して逃亡してしまいました。総会の妨害が本意ではないので、私たちは、やむなく退去しました。

そしてシンポジウム当日の一九七九年十一月二十六日。会場となった東京・神田の中央大学四号館は入口を狭くふさいだバリケードで、参加者や抗議の私たちを迎えました。びっしり並んだ科学技術庁・学術会議の職員と、「受付」のリボンを着けた警視庁の公安刑事たちが阻止線を張り、全国から集まった一〇〇人余の抗議の住民を一歩も中に入れない構えです。抗議を始めるとすぐ、待機していた機動隊が会場前に出てきます。抗議の人の数はどんどん増えてきて、退去命令が繰り返された後、排除されました。近くの公園にむりやり運ばれ、まわりを機動隊に囲まれて閉じ込められました。

三人が不当逮捕（十二月五日釈放）されましたが、救援連絡センターの代表でもある芝浦工業大学の水戸巌さんを機動隊員が逮捕しようとすると、「受付」の公安刑事が飛んできて手を離させる場面もありました。

「自分たちの命にかかわる問題なのだから、当然、参加する権利がある」と迫った住民は排除されましたが、十一月五日付の伏見康治会長談話によれば「すべての科学者に門戸を開いている」ので「公開」のシンポジウムだそうです。業界誌『原通』の十二月三日号は、当日参加の科学者五〇〇人の内訳を、こう報じていました。電力会社・メーカーの社員が二七〇名、日本原子力研究所などの研究員が一〇八名、大学教官が九三名、地方公共団体職員が九名、その他二〇名。

会場前で抗議していた人々のうち、参加資格のある科学者たちは住民とは逆に、「さっさと入れ」と中に連れ込まれました。シンポジウム会場の中の様子は、新聞報道に見ることができます。「壇上に設けられたスライド映写機も人がぶつかって倒れかかるなどし、映像がずれたまま説明を続けるという異様な光景」（二十六日付『読売新聞』）。「宮本二郎・科学技術庁原子力安全局長の指揮で学術会議事務局員らが反対派の排除にかかった。胸ぐらをつかんでの引きずり回し、足をあげてのけり。『バカヤロウ』『テメエ』の怒号が飛ぶ。一般の参加者はこの光景を、ぶぜんとした表情で見守るだけ。この騒ぎの間も、演壇からの報告は続く」（同日付『朝日新聞』）。

一般の参加者、すなわち前出の「科学者」たちに聞こえようが聞こえまいが、スライドが見えようが見えまいが、主眼はそこにありませんでした。この日のシンポジウムで原子力安全委員会が企図した成果とは、ただ一点、スリーマイル島原発の事故に限らず、原発の事故や危険性（彼らの用語では「安全性」）をめぐる議論を「科学者」の専有物とすることの社会的承認だったのです。「乏しい成果」「内容が希薄」といったマスメディアの解説の苦言など、意にも介さなかったことでしょう。

あらしの夜に

もう一方の「公開ヒアリング」も、無内容さでは負けていません。公開ヒアリングはまず一九八〇年一月十七日、関西電力高浜原発三、四号機増設のための第二次公開ヒアリングからスタートしました。私は都合がつかず抗議には不参加、二月十四日の東京電力福島第二原発三、四号機増設に向けた第二次ヒアリング抗議が初参加でした。高浜原発三、四号機も福島第二原発三、四号機も、公開ヒアリング制度が発足する前に通産省の安全審査が終了していたので第一次はなく、第二次だけとなったのです。「地方公聴会」が問題となっていた時の説明とは違って、意見が聴取されるのは経済的問題などではなく技術的問題ですが、安全審査の結果を踏まえた「当該原子炉施設の固有の安全性について」と、開催要綱には条件がつけられています。スリーマイル島原発の事故などはすでに学術シンポジウムで決着済みとすれば「地方での安全性に対する質問も個別、具体的に限定できるはずである」（一九八〇年二月十六日付『電気新聞』）というわけです。

一九七九年十二月二十六日に福井の住民たちは原子力安全委員会と交渉を持ち、私も同席しました。その時のメモによると御園生圭輔委員長代理は「固有といっても意見が出てくれば答えなくてはいけないと思っている。環境問題なども後に通産省に答えさせる」と、住民の問いに答えています。環境問題というのは、おそらく温排水のことだったのでしょう。第二次公開ヒアリングは安全審査についてのものなので、温排水問題は対象外とされていました。

もっとも、実際には本気で安全性を問う陳述人も、まじめに聞く傍聴人もいなかったようです。後に八二年八月二十七日付の『新潟日報』で福井県敦賀市の高木孝一市長が自ら暴露したように、「陳述人に、時には原稿まで用意して陳述を依頼し、終われば慰労会までやってやるのが現実」でした。下請け会社や家族の名前をまるごとまとめて傍聴の抽選に申し込むため、その気がない人たちにも当選の通知が届いて、当日の傍聴は当選者の半分以下。出張扱いで弁当をもらって出席した人も「自席で居眠りしたり、喫煙のためロビーにたむろ」（八〇年二月十五日付『福島民報』）という状態は、その後の公開ヒアリングでも何ら改善を見ることなく、繰り返されました。

「住民の意見を聞きました」という型式づくりには加担せず、と反対派が陳述や傍聴をボイコットし、抗議行動で対応したのは正解でした。とはいえ、ともかくも形式上は一歩を進められてしまいます。それを阻止しようと取り組まれたのが、一九八〇年十二月四日の東京電力柏崎刈羽原発二、五号機の第一次公開ヒアリングの時です。初めての第一次ヒアリングに、私も参加しました。みぞれ混じりの暴風雨の中、会場を包囲して陳述人や傍聴人を入れないようにしようと、三日夜から徹夜の行動が展開されました。現実に阻止できるはずだとの自信と、阻止できれば何かが変わるという思いに支えられての闘いでした。しかしヒアリングは、反対派のピケより早く「前夜から会場内にもぐり込んだ陳述人、傍聴人だけでがら空きの状態のまま開始され」（十二月四日付『朝日新聞』夕刊）てしまいます。

この後の公開ヒアリングに対する闘いは、柏崎での闘いを引き継いだ阻止闘争と銘打たれます。受け身の抗議行動から転じて、阻止行動自体が原発推進側の狙いを打ち砕く、より積極的な意味をもつようになったとも言えるでしょう。労働者を全国から動員して対決するヒアリング阻止闘争は、ヒアリングの第一の狙いである、住民の声を聞いたとする見せかけ、第二の狙いである、国が前面に出ることで勝ち目がないと住民のあきらめを誘うことを、ともに突き崩すことに一定の成果をあげました。他方、地域住民を中心としたそれまでの運動を後方に押しやることにもなり、また、同じパターンの繰り返しで、残念ながら形骸化を免れませんでした。

決めるのは誰か

そこを突破するために一九八三年五月十三日、中国電力島根原発二号機の増設のための第二次公開ヒアリングに、地元反対派はあえて参加の方針を打ち出します。この方針をめぐっては『反原発新聞』で三ヵ月にわたって紙上論争が行なわれ、また、事後には八三年八月二十七、二十八日に京都で開かれた「反原発全国集会１９８３」の二日目の分科会のひとつ、「公開ヒアリング闘争の現状と課題」でも真正面からの議論が、熱く、かつ友好的に行なわれました。『反原発新聞』八三年六月号での、島根原発公害対策会議・福田真理夫さんの報告から、ヒアリングに参加しての結論を引いておきましょう。

「目的は、ヒアリングのまやかしの実態と原発構造全体の虚構を、だれの目にも明らかにすること—。これは、二日間の場内での行動と論戦で完全に浮き彫りにできました。通産省と原子力安全委員会のなれ合い、住民無視のヒアリングの本質が、参加者の面前でみごとに暴かれました。その結果、科学技術庁の安田長官も、『通産省の答弁はきわめて不十分。住民が怒るのも無理はない』との談話を発表せざるをえなかったのです。〔中略〕ヒアリングの欠陥を、何よりも明白に、島根のたたかいは暴き出せたと考えています。同時にまた、このたたかいを通して反原発運動を強化し、ひろく住民の理解をえて、漁業権や保安林をまもるたたかいを有利に導くことも、確実に手がかりをつくったと言えるでしょう。巻の仲間がいう『原発建設の決定権を住民に奪い返す』たたかいに、私たちも大賛成です。島根のたたかいは、それに逆行するものではなく、必要なまわり道だったと信じます。私たちは、こうしてひとつの〝真剣勝負〟に勝ちました。

しかし、今後の長いたたかいの道をおもうとき、重い、容易ならざるものを感じます。むろん、『島根方式の定着・拡大』などは夢にも考えていません。島根と同じことを他所でくりかえすのは無意味です。もう二度と参加はありえないという材料を、『島根方式』は、全国の仲間に提供したのです。敵に勝つ有効なたたかいの方法を真剣に模索し、全国の仲間がそれを教え合い助け合う大切さを改めて思います」。

そこで「巻の仲間」と呼ばれているひとり、「巻原発反対共有地主会」の赤川勝矢さんの「反原発全国集会１９８３」分科会での発言を、同集会の『報告集』（反原発全国集会１９８３実行委員会、一九八四年）から。

「ヒアリングを阻止するというのも、単に建設の手続きの一つを阻止するというとらえ方だけでは、住民の胸の底の疎外感をほんとうに運動の力として変えていくことはできないだろう。そこで、私たちは、住民投票の実施ということを要求した。原発建設の決定権を住民の手に奪い返そうという考えである。もちろん、住民投票の前提としては、第一に住民が正しい知識を持つこと、第二に正しいことを正しいと言える状況があることが必要だ。そして、その状況づくりのためには、それまで反対運動からも疎外されていた住民が一歩でも前へすすみ出てこられるような運動を提起する責任が私たちにはあるのではないか」。

赤川さんはその後、「反対派」という立場を離れ、住民投票の実現に力を尽くしました。そして一九九六年八月四日、巻町で住民投票が実現します。そんな成果につながる背景として、八二年一月から始まった巻原発計画の安全審査が、翌八三年九月には用地取得の目途が立っていないとして中断されたことがあります。満潮時には水没する海浜の、わずか五〇坪という共有地主会の小さな共有地が、他の未買収地とともに大きな原発計画を立ち往生させました。

反広告会議卒業論文

一九八一年、ヨーロッパ各国で一〇万人、三〇万人といった反核デモが行なわれ、八二年六月十二日にはニューヨークで一二〇万人のデモがありました。日本でも八二年三月二十一日に「平和のための広島行動」、五月二十三日に「平和のための東京行動」、十月二十四日に「反核・軍縮・平和のための大阪行動」と、反核の大集会が開かれ、各地の反原発グループも積極的にかかわります。私は広島・東京での行動に参加。広島では「原発はごめんだヒロシマ市民の会」呼びかけの反原発集会を平和公園の一角で開催、東京での集会では高木仁三郎さんを中心として、会場の代々木公園内に「ティーチ・インの広場」を設けました。全国各地の反原発運動からの参加者が、反核と反原発をひとつのものとして闘う訴えがつづきました。メインの会場をはじめとするどこでも、反原発の旗やゼッケンが至るところで見られました。

八四年からアメリカの巡航ミサイル「トマホーク」「ALCM」が日本に配備されようとしていたことから、市民運動の「核と戦争のない世の中をめざす行動」にもよく参加していたことが、手帳を見てわかります。

また私的な話になりますが、「はじめに」に書いたように、スリーマイル島原発事故の後、『技術と人間』の連載コラム「クリティカル・ニュース」欄に原子力開発をめぐる動きの紹介をはじめました。その連載と別に、『技術と人間』一九七九年十月号に「『原子力帝国』の治安管理システム」を書き、高橋昇・天笠啓祐・西尾編『「技術と人間」論文選』（大月書店、二〇一二年）に採録してもらいました。原発問題にかかわるきっかけとなった電力会社の地域介入工作と、プルトニウム研究会以来の関心事である核管理社会を融合させて論じたものです。以降は広告批判の観点は後方に退き、原発そのもの、核燃料サイクルそのものを批判することに変わっていくので、短いけれど反広告会議としての卒業論文に当たるでしょうか。

と言いながらもちろん関心をなくしたわけではなく、『週刊朝日』が二〇一三年三月十五日号、二十二日号に連載した人形峠のウラン残土放置問題をめぐる地域介入の実態（今西憲之＋『週刊朝日』取材班）などは興味深く読みました。仮名で出てくるのが誰のことか、古い『原子力人名録』（日本原子力産業会議）をひっぱり出して推定することまでしてしまいました。

3 「脱」か「反」か——核燃計画浮上とチェルノブイリ（一九八四〜一九九四年）

核燃まいね！

一九八四年四月二十日、電気事業連合会の平岩外四会長らが青森県の北村正哉知事に、下北半島への核燃料サイクル施設の立地について協力を要請しました。この協力要請を迎え撃つ講演会のため、私も青森に行きました。『日本読書新聞』一九八四年六月四日号から引用します。

「青森へ向かう列車の窓の外は一面の白。雪が降りしきる。冷たい冬が長かったとはいえ、暦の上ではすでに夏も間近い四月二十日のこととあって、東京を発つときには思いもよらなかった雪景色だ。

この日、電気事業連合会から青森県に対し、下北半島の太平洋岸に『核燃料サイクル基地』

を建設するに当たっての協力要請が行なわれ、これに反対する青森市内の『原発まいね！モッケの会』は『核燃料サイクル基地下北立地に異議あり！集会』をぶつけた。ちなみに集会主催者の会の名を標準語に翻訳しておくと、『原発はだめだ！カエルの会』ということになるらしい。

集会の会場となった青森市内では、さすがに雪も降っていなかった。しかし列車の窓を通して目に焼きついた、白一色に閉ざされた風景は、あらためて、たかだか七時間の道のりという以上の距離感を思いしるのに十分だった。

下北のことを、そこに暮らす人びとのことを、ほとんど何ひとつとして知らない私が、どのようにして核燃料サイクル基地の下北への立地に異を立てられるのか」。

当日に反対集会をぶつけているということは、電気事業連合会から協力要請のあることが事前にわかっていたのでしょう。四月二十一日付の『毎日新聞』青森県版によると私は、「東京に住んでいる私としては使いづらい言葉だが、一言で言えば下北は『核のゴミ捨て場』になってしまう」と異を立てたようです。「差しあたって必要もない再処理工場をつくろうというのは、使用済み燃料といずれ外国から戻って来る返還廃棄物の『置き場』を必要としているからだ」（同日付『東奥日報』）と。

核燃料サイクル基地と呼ばれる施設のうち、再処理工場の運営主体である日本原燃サービスは一九八〇年三月一日に設立されていました。八四年三月一日には、ウラン濃縮と低レベル放射性廃棄物の処分を行なう日本原燃産業が設立されました（九二年七月一日に両社は合併、日本原燃となります）。八四年七月二十七日には、電気事業連合会は青森県六ヶ所村を立地地点と明示しての申し入れを行ないました。六ヶ所村に核燃料サイクル基地を、と青森県側が誘致に動いていたことは、『原子力産業新聞』一九七〇年九月二十四日号に、既に見て取ることができます。

一九八四年八月二十五日、英仏海峡のベルギー沖で、核燃料用のウランを積んだフランスの貨物船モン・ルイ号がカーフェリーと衝突し、沈没しました。折しもフランスからのプルトニウムを積んだ輸送船「晴新丸」が日本に向けての出港を待っている時でした。日本の原発の使用済み燃料からフランスのラ・アーグ再処理工場で取り出されたプルトニウム（実際には、計算上見合ったとされる量を割り振られたものですが）です。全国の反原発三九団体は同月二十九日、「放射性物質とりわけプルトニウムの輸送に反対する緊急共同声明」を発表します。

晴新丸は十月五日にシェルブール港を出港、原水爆禁止日本国民会議とプルトニウム輸送に反対する全国住民連絡会は同月二十四日、東京で緊急シンポジウムを開催して、輸送反対の声を広げました。シンポジウムでは、浜岡原発に反対する住民の会の小村浩夫さん、軍事評論家の藤井治夫さんと私がパネリストをつとめました。

晴新丸は十一月十五日、抗議の中を東京港に入港、プルトニウムは「もんじゅ」の燃料に加工されるべく、茨城県東海村の動力炉・核燃料開発事業団東海事業所に運ばれました。新聞報道によれば「無事に」同事業所に到着したことになるのですが、そのためには東京港一三号埠頭一帯を前日の午後八時からこの日の午前七時まで立入禁止にし、警察官でびっしりと埋め尽くし、海上には警視庁と海上保安庁の警備艇・巡視艇を徘徊させ、空にはヘリコプターを飛ばし、陸揚げ後のトレーラー輸送ではパトカーや警備車両で前後を固め、各通過点では他の車両の道路への侵入を阻止するといった、異常な警備体制がとられました。東京港への入港までは武装した海上保安官が輸送船「晴新丸」に警乗、フランス領海では仏海軍の軍艦二隻、公海上は米海軍の軍艦二隻、日本領海に入ると海上保安庁の巡視船「せっつ」が護衛、空からは米軍事衛星を利用した監視体制がとられていました（詳しくはＮＨＫ取材班著『ＮＨＫ特集　追跡ドキュメント・核燃料輸送船』日本放送出版協会、一九八五年）。

一九八四年はまさに核燃料サイクルがいよいよ動き出そうとした年と言えます。皮肉なことに、前年の八三年には日本の「原子力の日」の十月二十六日にアメリカの高速増殖炉クリンチリバー、十二月にはバーンウェル再処理工場の建設が断念されているのですが。

青森県が核燃料サイクル施設の立地を受け入れたのは一九八五年四月。九日の県議会全員協議会で知事が受け入れを表明、十八日に正式回答をして日本原燃サービス、日本原燃産業、青森県、六ヶ所村、そして立会人として電気事業連合会が立地基本協定に調印しました。受け入れ表明の四月九日を「反核燃の日」として、以後毎年、地元青森県の反核実行委員会と原水爆禁止日本国民会議、原子力資料情報室では、青森市あるいは六ヶ所村で抗議集会を開いていきます。私も毎回参加して、屋外集会で主催者のひとりとして挨拶をしたり、デモの後の交流集会で講演をしたりしてきました。

2005年4月9日「反核燃の日全国交流会」（青森市）

おかげで青森は、いまや方向音痴の私が最もよく地理を知っているところになっています。他に、ある程度わかるのが福井、福島、新潟、茨城と、原発・原子力施設の集中地域ばかりです。

放射能のごみ在庫一掃

茨城と言えば、一九八五年六月二十五日に水戸地裁で日本原子力発電東海第二原発訴訟の請求棄却判決がありました。原告団は「おら、こんな判決やだ。東京さ行ぐべ」の横断幕で抗議し、東京高裁に控訴します。プルトニウム研究会を連絡先に「東海原発裁判を支える会」をつくり、十月五日には東京で結成集会を開きました。原告の寺沢迪雄さん、関本加代子さん、根本がんさんが決意を述べ、原告団の智慧袋だった東京大学アイソトープセンターの小泉好延さん、証人として出廷した高木仁三郎さん、行政法の保木本一郎さん、政治学の前野良さんらが判決の分析や控訴審の意義を語りました。

また、この年は欲張って「反原子力月間」とした東京での十月行動の中で十月二十六日、「東京原発裁判」と銘打って水戸地裁での法廷を再現する芝居を上演。証人に立った水戸巌さんに証言の形で講演をしてもらうという趣向でした。構成・演出は、ひとり芝居の愚安亭遊佐こと松橋勇蔵さんでした。

水戸さんは翌一九八六年十二月末、共生さん、徹さんという双子の息子さんといっしょに北アルプス剣岳で消息を絶ち、共生さんは八七年六月十四日、巌さんは七月二十四日、徹さんは九月十四日にご遺体が見つかりました。東海第二原発阻止訴訟原告団は八月十一日に水戸市で「偲ぶ会」を開催、東京では八八年一月三十一日に「追悼集会」を開きました。

裁判に話を戻すと、私は、主文のみを告げて終わった判決を傍聴、八月三十一日に原告団・弁護団・支援学者グループの判決検討会に参加した後、公判準備の会合に何度も出席させてもらいましたが、役に立つことは少なかったと口惜しく思っています。判決は、放射性廃棄物の処分方法が確立しないまま原子炉の設置を許可することなどにつき、「議論の余地がある」「安全の確保の視点のみからみれば決して望ましいものではない」としながら、「立法政策に属する事項というべき」と逃げを打ちました。そこで、『技術と人間』十月号に「東海訴訟判決と放射性廃棄物の法制度」を書きました。

放射性廃棄物の問題にとりわけ強い問題意識を持ち、廃棄物にからむ各地の運動に積極的にかかわるようになったのは、このころからです。まず目の前にあったのは、いわゆる「スソ切り」でした。放射性廃棄物のうちでも、あるレベルより放射能濃度の低いものは「放射性」としての規制を解除しようというのが「スソ切り」で、正式には「クリアランス」と呼びます。「スソ切り」とは反対運動が言い出したのではなく、原子力業界でつかわれていた表現です。

スソ切りに道をひらく原子炉等規制法の改正案が一九八六年三月七日に衆議院に提出されたことに対し、私たちは大きな反対運動を起こそうとしていました。三月二十八日には、スリーマイル島原発事故七周年の集会を「核のゴミ野放し法案をつぶそう！3・28集会」として開きます。同日、総評・原水禁・社会党は、法案に反対する一八三団体の署名を科学技術庁長官に手渡しました。日本消費者連盟は一万六四五四人の署名を、同庁と厚生省、通産省に提出しました。五月十日には「原子炉等規制法改悪反対全国集会」（連絡先＝プルトニウム研究会）を東京で開催することにし、改悪に反対する学者らの名前を連ねた共同声明を使ってポスターまでつくりました。

ところが、その直前の四月二十六日、ソビエト連邦ウクライナ共和国のチェルノブイリ原発四号機で大事故が起きます。事故が起きても、当初は秘匿されていました。北欧諸国で二十八日、放射能が検出されたことから隠しきれなくなって、事故を認めます。

日本で事故が知らされたのは、二十九日になってからのことです。事故前日の二十五日には福井地裁で、高速増殖炉「もんじゅ」の原子炉設置許可無効確認と建設・運転の差し止めを求めた裁判の第一回公判が開かれ、原告の磯辺甚三さんが「科学よ、おごるなかれ」と意見陳述をしていました。

事故のニュースに接し、全国各地で電力会社や自治体への申し入れ、集会、議会質問、街頭宣伝、新聞広告などなどが取り組まれ、東京の私たちもまた科学技術庁、通産省、東京電力に押しかけることになります。五月九日には東京で緊急集会を開き、理化学研究所の槌田敦さんや「原発に反対し上関町の安全と発展を考える会」の河本広正さんらが原発の危険性を訴えました。

五月十日の「原子炉等規制法改悪反対全国集会」は予定通りに行なわれ、熱気に包まれましたが、国会ではチェルノブイリ原発事故も知らぬげに五月二十一日、参議院で法案を可決、成立させてしまいます。

ただし、具体的にクリアランスのレベルが定められての法改正が行なわれるのは二〇〇五年五月三十日のことであり、放射性金属の限定的な再生利用が行なわれてはいるものの、未だ「野放し」にまでは至っていません。原発のＰＲ館に行ってイスに掛けると、足元から放射線が飛んでくるかもしれませんが。

怒りと悲しみ

さて、チェルノブイリ原発事故を私はどう受け止めたのか。共同通信から依頼を受けて小文を書くのですが、いま読み返すと実に恥ずかしい、きわめて情緒的な文章となりました。とはいえ、それが正直な気持ちだったのですから、恥を忍んで抄録してみましょう。事故は四月二十六日午前一時二三分（現地時間）に発生したのですが、当時の情報では「炉心溶融」だったので、その前から進行していたと考えたのか、「二十五日ないし二十六日」と書いています。後に、事故は原子炉の制御ができなくなって核反応がすすみ、燃料が粉々になって飛び散る「暴走事故（反応度事故）」だったことがわかります。また、一万ピコキュリーという数字が出てきますが、現在日本で使われている国際単位に直せば三七〇ベクレルに相当します。

――と、気後れしてぐずぐずと説明を連ねてきました。ここでようやく引用です。

＊

四月二十五日ないし二十六日、ソ連のキエフ市郊外にあるチェルノブイリ原子力発電所で、全地球的規模とも言える放射能汚染を伴った、史上最悪の原子炉事故が発生した。炉心が溶融し、炉内にたまっていた〝死の灰〟のうちのかなりの量が放出されたと見られ、初期の被害（公式発表では死者二人、重体一八人というが、実態は不明）に加えて、長期の影響が懸念される。

史上最悪の原子炉事故―と書いた。事実、その通りだろう。ところが、四月三十日のある新聞の夕刊の座談会で、日本原子力産業会議の某専務理事は、原子炉史上最悪の事故かどうかは「死者の数にもよる。もし、タス通信の発表通り、死者が二人ということならば、こうした事故が過去になかったということではない」と言う。

私は、史上最悪か否かにこだわっているのではない。目の前の事故の深刻な状況に思いをはせるなら、そんなことは問題外だ。それを史上最悪なら大変だが二番目ならたいしたことはない、とでも言いたそうな口ぶりに出会って、腹を立てているのである。

この十数年、私は、原子力発電に反対する運動のなかで、事故の危険性を訴えてきた。一方で、前出の専務理事らは、それを杞憂であるとしてきた。しかし、というか、だからこそ、というか、現実に大事故が起きてしまったことに対する、自分自身をどうなだめすかしてよいかわからないような怒りは共有できる、と思い込んだのだ。

それは、まさに勝手な思い込みであったらしい。事故が報じられて以来、政府や電力会社は、ひたすら事故を小さなものとして印象づけようとし、五月四日に千葉で、雨水一リットル当たり、あるいはヨモギ一キログラム当たり一万ピコキュリーもの放射性ヨウ素が検出されたのをはじめ、各地で高濃度の放射能が見つかったことすら「問題ない」と言い切っている。

これでは―考えたくはないけれど―仮に日本で事故が起きたら、対策は必ず後手に回り、被害を拡大することになるだろう。

今回のソ連の原子炉事故は、原子力の問題を考える際に最も根本的な問題は何なのかを、私たちに改めて示したのだと言える。こんなかたちの警告は、受けたくはなかった。にもかかわらず現実に受け止めざるをえない事態が発生してしまったということで、私は、自分自身を含めたすべてに、向かっ腹を立てている。

＊

さらに蛇足を加えると、「ある新聞」とは『朝日新聞』、某専務理事とは森一久さんのことです。森さんとはその後何度かお会いする機会があり、考え方は違うものの、率直に意見交換ができました。論争になると極端とすら言える原発擁護論を口にされるのですが、なぜか「原子力産業会議は推進の団体ではなく中立でなければいけない」と力説されていました。一九九三年九月二十五日には日本原子力産業会議と原子力資料情報室とでシンポジウム「今、なぜプルトニウムか」を共催したりもしました。

森さんは二〇一〇年二月七日に亡くなられるのですが、その数年前だったでしょうか、「会いたい」とお電話をいただきました。「いつでも結構です」とお答えしたのですが、けっきょくそのままとなり、何を話されたかったのかはわかりません。

『原子力産業新聞』一九九六年六月二十二日号では、拙著『原発を考える50話』（岩波ジュニア新書、一九九六年）を、森さんが関与されていたかどうかは不明ですが、紹介していただきました。ひょっとすると、同新聞で紹介された唯一の原発に批判的な本かもしれません。結語は「推進側にもジュニア向けの新書が望まれる」でした（やっぱり「推進側」なんだ）。

脱線ついでに

『原発を考える50話』については、いつだったか、後に原子力委員長代理となる電力中央研究所の鈴木達治郎さんから「息子が愛読しています」と声を掛けてもらったことがあります。「それは困りましたね」と笑いあいました。鈴木さんとは公開で討論をする機会が二、三回あって、そのうち横浜国立大学では「推進・反対徹底討論」の看板だったのですが、学生から「どちらが推進で、どちらが反対なのか」と質問されました。冗談なのでしょうが、もしそうでなかったら、ちょっとまずいかも。でも、確かに考えが一致する場面が何度かありました。

脱線ついでに――近藤駿介原子力委員長とも意見を闘わせることが、たびたびありました。原子力委員会主催の「円卓会議」とか「ご意見を聞く会」とかに招かれたとき、原子力資料情報室が開いた討論会に参加してもらったとき、原水禁・原子力資料情報室と原子力委員会で公開討論会を共催したとき、国会の参考人質疑で隣り合わせたときなどです。

初めてのときには「高木さんはもっと激しく噛みついてきたよ」と頼りなさを冷やかされました。原子力資料情報室の伴英幸共同代表が原子力委員会の新計画策定会議の委員になり、随行として傍聴したときには「聞いてるだけじゃつまらないだろう。呼んで話をさせてやろうか」

とからかわれたりもしました。随行の立場では野次も飛ばせません。一度だけ大声で〝独り言〟を言ったときは、後で「すみません」と謝ったら、他の委員といっしょになって苦笑いをしていました。推進そのものの発言をするかと思えば、推進に水を差すことも平気で口にするなど、一筋縄ではいかない原子力政策の第一人者です。

さて、日本原子力産業会議といえば、一九七九年七月二十七日、同会議の視察団がチェルノブイリ原発と同型の先行炉であるレニングラード原発を訪問した際のエピソードが『ソ連原子力事情視察報告』に、こう載っていました。有沢会長とは、有沢広巳日本原子力産業会議会長、白沢原電会長とは白澤富一郎日本原子力発電会長です。

「見学終了後の昼食会の席上、有沢会長からレニングラード発電所と東海発電所が姉妹発電所となってはどうかとの提案がなされ、白沢原電会長とルコニンレニングラード発電所長から賛意が表明された」。

チェルノブイリ原発事故の後にソ連の原発はめちゃくちゃのように言い出す日本の原子力・電力業界が、スリーマイル島原発事故の後では違った見方をしていたことがよくわかります。それどころか、皮肉なことにタイミング悪くチェルノブイリ事故の直後に刊行された『経営コンサルタント』一九八六年六月号では電気事業連合会の安倍浩平専務理事が「ソ連を見習え」と言わんばかりの発言をしていました。いわく「反対派の人が参考人として国会にも出ていますが、意見を聞いている限りでは少し一方にかたよっていますね。たとえば、外国を見て来たと言っても、アメリカだけを見てソ連には行っていないのです」。

脱原発がかわいそう

チェルノブイリ原発事故後の活動のひろがりの中で原子力資料情報室は手狭になり、また、高木さんと私が二つの事務所を行ったり来たりすることのわずらわしさもあり、資料を共有化するのが効率的ということもあって一九八七年二月二十七日、原子力資料情報室と『反原発新聞』の事務所を合体して、というか原子力資料情報室に『反原発新聞』が間借りして、東上野に新しい事務所を借りました。

同じ日にイギリスでは、「もんじゅ」とほぼ同じクラスの高速増殖炉ＰＦＲで蒸気発生器の伝熱管四〇本が破断、七〇本が変形するという事故を起こしています。ただし、事故は隠され、公表されるのは八八年十月になってようやく、高速炉関係の国際会議でのことでした。日本では『原子力資料情報室通信』九〇年八月三十日号で難波務さんが紹介したのが公には初めてだったのではないでしょうか。

さて、一九八七年十一月八日、イタリアでは原発推進の三つの法律の廃止をめぐって国民投票が行なわれました。政府に立地の決定権があるとする法律、立地自治体への交付金について定めた法律、国際計画への参加を認めた法律の三つです。結果は、圧倒的に廃止に賛成するものでした。言うまでもなく、背景にはチェルノブイリ原発事故があります。投票は廃炉を求めたものではありませんが、十二月には一基が廃止され、残る二基も九〇年六月、国会が原発全廃を決議したことで廃止されています。

一九九三年に『脱！プルトニウム社会』（七つ森書館）という本を出したとき、その「あとがき」で私は、このイタリアの国民投票に触れました。「国民投票の前の年に実施された世論調査が興味深い。『耐乏生活と原子力開発のどちらを選びますか』という、きわめて乱暴な問いに対して、六七パーセントの人が『耐乏生活』を選んだのだ。脱原発とは、何よりも原発社会から抜け出そうとする想いの強さのことだ、と私は強調したい」。

「脱原発」か「反原発」か。福島原発事故以降、にわかに「反原発」派が台頭してきました。福島原発事故の前には、「反」よりも「脱」のほうが過激でなく受けとられるような風潮がありました。だからこそ、事故の後では「反」が優勢になったのでしょう。『はんげんぱつ新聞』にしても、事故前には「脱原発新聞に改称すべき」という提案が多くあったのですが、事故後は「『脱』でなく『反』を貫いてほしい」と注文がついています。でも、それでは「脱」がかわいそうです。もともと右の「あとがき」には、「脱」を穏和なものと考えるのに反発する気分が見え隠れしていました。

九州大学大学院の吉岡斉教授は、岩波書店の「叢書　原発と社会」の一冊である『脱原子力国家への道』（二〇一二年）で「私は『脱原発』という言葉に出会ったとき、『反原発』よりもはるかに幅広い人々を集めることができる魅力的な言葉であるように思えた」と言い、「脱原発」には「原子力発電が社会の中で一定の役割を果たしており、すぐにそれを廃止することは困難であるという現状を認めた上で、一定の時間をかけて原子力発電からの脱却を図っていくという意味が込められている」と定義づけています。

しかし、「脱原発」にそうした意味を込めるのが正しいとは思えません。福島原発事故後に生まれた「卒原発」ならそれでよいかもしれませんが……。余談の余談ながら事故後にはほかにも「縮原発」「廃原発」「非原発」「超原発」「脱原発依存」「禁原発」など新語ラッシュで百花繚乱の様相となりました。

「脱原発」は、吉岡さんの言うとおり、「この言葉を日本社会に広めたのは高木仁三郎である」のですが、高木さんはたとえば反原発集会88実行委員会編『脱原発へ歩み出す』（七つ森書館、一九八九年）の「まえがき」でこう書いていました。「原発が有無を言わせず押しつけられる状況に対する反対から、私たちの手でどう原発のない社会をつくっていくのかという、脱原発社会をつくる運動に向かっての新しいスタートである」と。『脱原発へ歩み出す』という書名は、高木さんがつけたものです。

吉岡さんは、高木仁三郎著『市民科学者として生きる』（岩波新書、一九九九年）をあげています。そこでも「ただ反原発というより、現実社会ではむしろより積極的な意味を持つかもしれない」とあり、吉岡さんの定義とは大きく違っています。

京都大学原子炉実験所の小出裕章さんは根っからの「反原発」派です。槌田劭《たかし》さんとの対談で、こう語っています。「槌田さんは脱原発から未来の社会をどうやってつくるかということに向かう」「私はただ反対しているんです。反対した結果、どんな社会ができるとか、そんなことには、私は関心がない」（小出裕章・中嶌哲演・槌田劭著『原発事故後の日本を生きるということ』農文協ブックレット、二〇一二年）。小出さんは、高木さんの定義に沿って「自分は違う」と主張しているのだと思います。小出さんに言わせれば吉岡さん風の「脱原発」は原発推進ないし容認になるのでしょうが、それはまた、やや言いすぎの感があります。

ちなみに私はといえば、「脱原発」は現にある原発をなくすことだから「反原発」よりずっと強く厳しい運動が求められていると説明してきました。「脱原発とは、すなわち原発が現にあることを前提としている。が、しかし、現にある原発を容認しているのではなく、現に原発社会のなかに身を置かれてしまっているからこそ必死に、だからこそ現実的に、そこから抜け出そうとするのである」（前出『脱！プルトニウム社会』あとがき）。

『高木仁三郎著作集』（七つ森書館）が完結した際の『図書新聞』二〇〇四年七月二十四日号では「高木さんの場合には、原発がなくなった後のことをちゃんと考えたいという思いがあったのだと思います。未来の希望を含めた視点での脱原発だったと思いますね。私なんかは単純に、目の前にある原発をなくすことだと考えていて、高木さんの定義だと私は反原発のままなんでしょう」と答えていました。

『反原発新聞』一九九〇年十一月号では、小木曽美和子さんが「脱原発とは、核のゴミを生み出す私たちの生き方を問い直すこと」と述べています。けだし名言と思います。

いずれにせよ、決まった定義はありません。思い思いに自分なりの「反原発」「脱原発」でよいのではないでしょうか。

ニューウェーブ登場

イタリアの国民投票に戻って、前の年とは、すなわちチェルノブイリ原発事故の起きた一九八六年です。その前後から、ヨーロッパ各国では、脱原発への強い思いが大きなデモやさまざまな行動に噴出していました。日本でも、もちろん多くの人が脱原発に動き出すのですが、大きく膨れ上がるのは二年近く経ってからです。きっかけのひとつは、事故によって汚染された食品が日本に輸入され、暫定基準を超える放射性セシウムが検出されて送り返されるという報道が相次ぐようになったことです。

最初は一九八七年一月九日、トルコから輸入されたヘーゼルナッツでした。以後、放射能が検出されて積み戻された食品の件数は、八七年中に一三件を数えます。原子力資料情報室では『食卓にあがった死の灰』というパンフレットを同年四月に刊行、『パート2』（同年八月）『パート3』（八八年十二月）とつづいて、ちょっとしたベストセラーになりました。

事故直後は八〇〇〇キロ離れた日本にも放射性のヨウ素が飛んできて、牛乳や野菜を汚染するということがあったのは、共同通信の配信記事にも書いたとおりです。ヨウ素だけではなく、セシウム、ルテニウム、ストロンチウムなどさまざまな放射能が飛んできました。一九八六年夏には、何と！原子力資料情報室に宮内庁から、日本の農作物汚染の危険度を知りたいと電話がかかってきました。「科学技術庁の説明は受けたのだけれど、よくわからないので」と、安全宣言を出した科学技術庁は信用されていないようでした。

つい適当に答えて済ませてしまい、後で久米三四郎さんから「だめやねえ」とあきれられました。「そういうときは、すぐにサンプルを持ってきてください、測定してご説明しますから、と答えるべきなのに」と。「無農薬の露地ものばかりを食べている天皇家の食卓にこれだけの放射能が！」と発表できたかもしれない機会をみすみす逃がしてしまいました。

それはそれとして、広く放射能汚染食品の問題が知らされるようになったのは、やはり、一九八七年になっての輸入食品積み戻し報道以来です。比例して脱原発の集会などへの参加者も増えました。

もうひとつのきっかけは、四国電力の伊方原発二号機で行なわれた出力調整試験です。これに反対して一九八八年二月十一日〜十二日、「原発サラバ記念日全国の集い」として、高松市の四国電力本社前に三〇〇〇人を超える人たちが集まりました。私も参加しましたが、中心になったのは「ニューウエーブ」と呼ばれた、それまでの反原発運動とは無縁の、伊方原発の対岸となる大分県別府市でパン屋を営む小原良子さんたちでした。試験の計画を聞き知った小原さんたちが中止を求める署名の用紙を全国の反原発グループなどに送りましたが、既成組織の反応は鈍かったといいます。そうしたグループに属さない個人から個人へ、それこそ連鎖反応のように署名は広がって、六〇万人以上になったのです。旧来の反原発グループはブレーキにしかならなかったと、試験には反対して署名はしたものの、「チェルノブイリ事故と同じ実験」というのは違うと異議を唱えた私も、小原さんたちに厳しく批判されました。

出力調整試験とは何なのか。八八年二月五日号の『朝日ジャーナル』に書いた「原発つくりすぎが招いた危うい試験」から抜き書きをしましょう。

「出力調整とは、電力の需要に合わせて発電出力を上下させることである。そのためにテストが必要になるのは、これまで原発というものはフル出力運転を基本としてきたからだ。原発で出力を上下させることは、燃料の健全性を危うくし、また、機器全体の信頼性をそこなうおそれがある。そこで電力会社は、原発はなるべくフル出力での運転をつづけ、電力の需要に合わせた調整は、水力や火力の発電所で行なってきた。

伊方二号炉で行なわれようとしているのは、昼と夜の出力を変える試験だ。

この原子炉では、すでに昨八七年十月にも、八、九日と十九日から二十一日までの三日間、昼はフル出力運転、需要の小さい夜間は五〇パーセント出力運転（八日のみ七五パーセント）とする試験が行なわれている。出力の上げ下げには、それぞれ三時間をかけて移行した。次には、一時間で上げ下げするテストが行なわれるだろうと報じられていたが、四国電力では『内容、日程ともに検討中』としており、はっきりしない」。

結果として二月十二日に試験は強行されますが、当初三日間と言われていた日程が一日のみ、一時間で上げ下げはせず三時間での上げ下げだけでした。その後、出力調整は実施されていません。

伊方行動が、食品汚染などを契機に脱原発の気持ちを強めた多くの人たちに具体的な、しかも達成が非現実的でない行動目標を与えたことは確かでしょう。多くの人たちが目標を待っていたと言った方がよいのかもしれません。試験断念という目標達成は中途半端に終わりましたが、「成果」は、多くの人たちが動き出したこと自体なのだと思います。

小原さんたちは、次の目標として泊原発の運転入りを止める（「泊を止める」）ことを掲げました。一九八八年七月二十一日、北海道に初めての核燃料が上陸した日には、専用港で、発電所ゲート前で、札幌の北海道電力本店前で、阻止・抗議の行動が行なわれます。実際に行動を担ったのは、道内で運動をつづけてきた人たちでした。阻止はできずに試運転、営業運転と強行されても、人々はあきらめず、運動をつづけています。

超ウルトラ原発子ども

ニューウエーブとして動き出した全国の人々も、それぞれ大きな役割を果たしつづけていくことになります。

そんな一人に、親に連れられてきた子どもを除けばおそらく最年少の伊方行動参加者だった東京の中学生、大賀あや子さんがいます。おとなたちよりも冷静・的確に警察官にも対応するなど、強く印象に残っています。一九八九年一月に起きた福島第二原発三号機の再循環ポンプ損壊事故以来、福島に通いつめ、九五年には大熊町に移住、農業をしながら反原発運動にかかわりつづけていた大賀さんですが、二〇一一年三月十一日の東日本大震災・福島原発事故により、できあがったばかりの新居に引っ越す五日前に避難を余儀なくされました。福島第一原発一号機が営業運転開始から四〇年になろうとしていたことから「ハイロアクション福島原発四〇年実行委員会」を立ち上げたばかりでもありました。

伊方行動には、大賀さんより少し年上の、二年前に不登校のまま中学を卒業した伊藤書佳《ふみか》さんも参加していました。「造反有理」というバンドをつくって歌っていた伊藤さんは、仲間三人と楽器を車に積んでの参加でした。「伊方原発・出力調整の日　デモというよりお祭りだった」と、著書『超ウルトラ原発子ども』（ジャパンマシニスト、一九八九年）で報告しています。同書ではイラストも伊藤さんが描いていて私の絵もあるのですが、背広・ネクタイ・めがね・カバンは「電力会社の人」とあまり違いがないような……。

いま伊藤さんは編集者・ライターとして日本消費者連盟の『消費者リポート』の編集などにかかわり、反原発の記事を発信しつづけています。

『超ウルトラ原発子ども』には、当時の伊藤さんが知り合った何人もの子どもたちが登場します。一九八八年に小学一年生で「原発やめちゃお、子どもの署名」を集め始めた成田すずさんは、二年前の五歳のときにチェルノブイリ原発事故のニュースを見て「早く逃げなくちゃ」と母親に訴え、「どこに逃げても、放射能からは逃げられない」と聞かされて泣いたといいます。「げんぱつをつくらないでください」「いまあるげんぱつをすぐとめてください」という署名は九〇〇〇筆以上集まったのですが、「総理大臣がころころ変わるから、渡せないんだもん」と言っているうちに時機を逸し、福島原発事故が起きてしまいます。「三月十四日、福島第一原発三号機が爆発したのは、私の子どもが七歳の誕生日を迎えた日でした。自分が署名を始めた七歳。罰が下ったのではないかとさえ思います」と『はんげんぱつ新聞』二〇一二年六月号に書いた成田さんは二〇一二年五月七日、内閣府に署名を提出しました。

おとなになった成田さんは「原発を止めるのは子どもの役目ではない」と言います。子どもたちが原発停止を求めたりしなくてよい世界をおとなが創り、残していくべきだ、と。

同時多発集会ライブ

一九八八年にもどって、伊藤書佳さん（私にとっては「フミカちゃん」なのですが）が「こんなに年の近い人たちの前でやるのは初めてだ～」と、たくさんの中・高校生を前に喜びの声をあげた「人・人・人‼　同時多発集会ライブ」、すなわち「チェルノブイリから二年、いま全国から　原発とめよう一万人行動」が、四月二十三日〜二十四日に開かれます。二十三日午前の省庁交渉、午後の分散会。「女たちのまつり」など独自企画も、さまざまにありました。二十四日には日比谷公会堂での集会と小音楽堂でのフェスティバル。両会場にはとても入りきらず、公園いっぱいに各地からの参加者が持ってきた横断幕が張られ、ダンボール製の黄色いドラム缶に身を包む人、全面マスクに原発労働者の作業衣姿の人など、思い思いの服装の人々があふれました。ロック演奏や踊り、河内音頭や寸劇などなどが、各所で自由にくりひろげられました（公園側からはきつくお叱りを受けました）。

参加者は一万人を優に超え、銀座パレードに出発する際の先頭の横断幕は「一万人行動」が「二万人行動」に書き直されました。二十三日の分散会は一〇会場で行なわれ、そのうち八会場分を前出の『脱原発へ歩みだす』としてまとめています。

各分散会とも実に充実した内容で、いま読んでも得るところが多いはずと、編集担当者として自負しています。

同書は、「脱原発法」の制定を求める運動での活用を願っての出版でした。脱原発法を制定して原発のない社会をつくろうという運動は、「二万人行動」の日比谷公会堂、小音楽堂という二つの会場で、集会実行委員会から呼びかけられました。実行委員会の事務局長をつとめた高木仁三郎さんが起草した呼びかけ文を引用します。

原発と核燃料サイクルの全面的廃止をかちとるために、イタリアのような国民投票への期待が高まっています。日本では国民投票という制度が法的に保障されていないので、現在の法制度の枠内で実質的な国民投票を実施するために、実行委員会での議論を踏まえ、まずはひとつの問題提起として、次のような脱原発法（仮称）制定運動に向けて、議論を喚起したいと考えます。

＊

この運動を実現するには、まず市民の手で原発廃止のための法案要綱をつくり、その法案実現のための市民運動を起こす。そして法案制定を求める全国的な国会請願、署名活動にとりくみ、これを背景に全政党に法律実現に向けて呼びかけを行なう。そして、賛同する国会議員の手により法案を作成し、その可決成立を目指す。

右のような運動の長所は、単なる署名運動と異なり、署名を背景に持続的に国会に働きかけ、その間に署名も拡大し積み重ねていける点です。

法律のごくおおよその骨組みは、次のようになるでしょう。

①建設中・計画中の原発については、建設・計画の続行を認めず、直ちに廃止とする。

②既に運転中の原発については、法案成立後一定の期間内（たとえば一年）に順次運転を停止させ、廃炉とする。危険の少ない廃炉措置のための研究は認める。

③ウラン濃縮工場、核燃料加工工場、再処理工場等核燃料サイクル施設は、運転中のものは直ちに停止し、その後廃止することとし、建設・計画中のものは中止とする。

④原子力船の開発も中止とする。
⑤放射性廃棄物については、地下処分、海洋投棄など管理不可能な状態に置くことは絶対に認めず、管理可能な状態で発生者の責任において管理するものとする。
⑥政府は、原発に依存せず環境を破壊しないエネルギー政策を責任をもって立案する。

この運動は、しっかりとした持続的な推進母体によって、最終的には何千万という国民の支持・協力を得られるようなかたちで進められる必要があり、そのためには反原発運動の大きな飛躍が求められます。はっきりいえば、私たちの運動の現状では、大きすぎるほどの目標です。しかし、原発をほんとうにとめるために、今、そこまで踏み出す必要があるのではないでしょうか。

もちろん、そのためには、運動主体の側が、この運動の意義、進め方、法案の内容などの大枠につき十分に納得していることが不可欠です。そこでまず、この法律制定運動について、一大議論を呼びおこそう！と、ここに提案します。その議論がこの運動の展開に肯定的な方向へと発展していくならば、実際の法律制定運動（全国署名、国会請願）がスタートを切ることができると考えます。

まずは、本集会が議論のスタートです。議論の沸騰を！

＊

しかし、すぐに署名運動を始めるのでなく議論をという民主的な進め方は、結果論で言えば、運動の気運をうまくつかむことからするとマイナスでした。具体的なことが決まったのは半年近くが経ってから、「脱原発法全国ネットワーク」が結成されたのは一九八八年十二月十八日、署名活動のスタートは翌八九年一月二十二日と、大きく遅れたのです。残念ながら、その間に、輸入食品の汚染への恐怖は長続きせず、世論は下降気味になっていました。それでも署名活動は風化を押しとどめ、また、食品汚染だけではない原発の問題への理解を深めることになりました。

奮闘努力の甲斐もなく

「二万人行動」から二年後の一九九〇年四月二十七日、第一次分として二五一万八〇〇〇人強の請願署名を、衆議院四五人、参議院四一人の紹介議員を通じて国会に提出しました。さらに一年後の九一年四月二十六日、第二次分の約七六万五〇〇〇人の署名を提出、一次と二次を合わせると、三二八万人強の署名となります。

残念なことに請願は、議論すらされることなく会期末まで放置され、廃案とされました。国会議員の中から、小澤克介衆院議員、五島正規衆院議員のように自ら法案要綱をつくり、大阪や東京で開いた討論集会で市民との議論に参加された方もいましたが、法案をつくって提出議員を募り、国会に提出をするには至りませんでした。

国会のこと、議員のことを余りにも知らなすぎた、と反省しきりです。いまは議員会館内での集会が連日のように行なわれていますが、当時は市民運動の側にも議員の側にも、そうした発想すらありませんでした。討論集会は、国会の外の会場を借りて行なわれていました。

署名活動に多くの人が熱心に取り組みました。並行して、さまざまな議論の場を持ちました。「法律といえば、誰かが決めて押しつけて来るものと、つい、私たちは思ってしまいがちだ。しかし、私たちにとってほんとうに必要な法律なら、私たち自身でつくりあげていくということが、あってよい。それはまた、原発なき社会のビジョンを、私たち自身でつくり出すことである」と、私は『法学セミナー』一九八九年九月号に書いています。しかし結果として何ら具体的な成果をもたらせなかったために、敗北感をより大きくしたのです。運動の失敗は、その後の反原発運動に、決定的とも言える痛手となりました。

第一次集約の時点で三〇〇万を超える署名が集まっていたのに、「次の国会にもそれなりの数の署名提出を」と五〇万人分を残すような判断ミスもありました。第二次分は、五〇万人分を引けば二六万人強でしかなかったのです。今となっては誰の助言だったのかをふくめて経緯の記憶もありませんが、むしろ三〇〇万余の署名を出して終わっていたほうが傷は浅かった、とそれも後智恵でしかありません。全国各地に呼んでいただき、大勢の人を集めて呼びかけをさせていただいた者として、責任を痛感しています。

前出の『市民科学者として生きる』で高木さんは「当時の私たちのやり方の未熟さと時代そ

のものの未成熟について、考えさせられるところは大きい。私としても、この運動の総括をやり切れていないので、何らかの形でいずれ整理しなくてはと思っている」としていましたが、結局、この運動のきちんとした総括は出せずに終わりました。二〇〇〇年十二月十日に開かれた「高木仁三郎さんを偲ぶ会」で、全国ネットワークの事務局次長の一人だった「京都・反原発めだかの学校」の佐伯昌和さんが、高木さんに代わって敗北宣言をしました。

原発を止めた町

とはいえ、落ち込んでばかりもいられません。一九八九年一月六日には東京電力の福島第二原発三号機で再循環ポンプが破損する事故、九一年二月九日には関西電力の美浜原発二号機で蒸気発生器の伝熱管が破断する事故が起きたのです。電力会社や通産省などへの抗議、申し入れ、緊急集会、デモと休む間もない日々がつづくことになります。

原発の新設計画地では、住民の運動が次々と計画断念に追い込んでいきます。一九八七年九月二十九日、三重県熊野市議会は満場一致で原発拒否を決議しました。八八年一月二十九日には高知県窪川町長が誘致を断念して辞任、三月二十日の町長選で反対派が当選します。窪川の運動については、「二万人行動」初日の分科会で、郷土をよくする会の島岡幹夫さんが報告をしています。「勝てたのはなぜか。いくら東大卒でも、京大卒の皆さん方でも、たくさんの学者やあるいは知識人が押しかけてきても、窪川の町の人の、ほんとの心を知らなかったら、こりゃ勝てないんですわ。自分たちと同じ土を耕して、家畜を飼ってる、そういう農民仲間の心をどれだけつかむことができるか、それによって阻止ができてきたわけです。知恵くらべをしては絶対に勝てません。資本力でも絶対に勝てません。日本のどんな法律をタテにして裁判闘争をしても、絶対に勝てません。それだけははっきりしています。それが、勝てるとしたら、その地域、地方に住む人たちの心をどれだけ、反対運動の中でつかまえていくか、それだけだろうと思うんです。それが、なんとか窪川ではできたんです」（前略『脱原発への歩みだす』）。

島岡さんは酪農家で、もと大阪府警の警察官で、自民党員でした。とにかく話が面白い。宮城県の串間原発計画に反対する連続集会でいっしょに県内数ヵ所を回ったことがあるのですが、島岡さんの後で講演をするのが、いかにやりにくかったことか……。

一九八八年七月三日には和歌山県の日置川《ひきがわ》町でも反原発派の町長が生まれました。八九年一月二十六日には鳥取県青谷《あおや》町で住民らが炉心計画地の土地を取得して共有化、動きを封じました。北海道浜益村では九二年九月二十一日、村議会の原子力発電所問題対策特別委員会（全議員で構成）が「原発計画に見切りをつけ」という中間報告をまとめました。以後、動きはなく、事実上の終止符です。

一九九〇年九月三日には和歌山県日高町で比井崎漁協が原発建設のための事前調査拒否を宣言、十三日には町長が誘致断念を表明して辞任、三十日の町長選で反対派の町長が誕生します。

2008 年 9 月 1 日、浜一己さんと筆者。「波満の家」の前で。

その前の八八年三月三十日、漁協総会で調査受け入れを強行しようとしたのを反対派の漁民が食い止めて廃案にさせました。当時の日高町原発反対協議会事務局長、浜一己さんの言葉を岩波ジュニア新書『原発を考える50話』の旧版（一九九六年）に載せました。「若い漁師浜一己さんの言葉が、とても印象的です。『二〇年をこすたたかいに、やっと結論を出した。原発をめぐって漁民同士いがみあってきたが、昔の仲間にもどることができる。それがなによりうれしい』」。

「若い」と書いたこのとき、三八歳と新聞報道にありました。出版時点ではさらに一〇年近く経っています。必ずしも若くはないかもしれませんが、そう書いたのはちょっと年上の自分自身が若いつもりだったからでしょうか。浜さんとは二〇〇八年にも、和歌山市の松浦攸吉《ゆうきち》さん、雅代さん夫妻のご厚意で浜さんの民宿「波満の家」にお邪魔させてもらって互いの若さを確認（?）しあいました。「昔の仲間にもどる」という希望が実現していて「やめたからこそ町の和がもどった」と、そのときも「これがいちばん」と話されていました。

なお、原発をつくらせなかった和歌山の運動については、「脱原発わかやま」編集委員会編『原発を拒み続けた和歌山の記録』が二〇一二年に寿郎社から刊行されていて、松浦さん夫妻も仲良く執筆しています。「和歌山の女たち」を書かれた雅代さんは、「福島の問題はまだ始まったばかりだ」として、「私たちは未来の子どものためにもさらに闘いを続けなければならない」と結んでいました。

その間にも青森県六ヶ所村の核燃料サイクル施設計画は、一九八八年八月十四日にウラン濃縮施設、九〇年十一月三十日に低レベル廃棄物埋設施設、九二年五月六日には高レベル廃棄物管理施設と次々と着工され、九三年四月二十八日には再処理工場も着工されてしまいます。施設が完成し、低レベル廃棄物のドラム缶が、あるいは高レベル廃棄物の輸送容器がむつ小川原港で陸揚げされ、抗議の声を上げる目の前を運ばれていくのを、耐えられない思いで見ていました。八五年十月二十五日に本格着工された高速増殖炉「もんじゅ」は、九四年四月五日に初臨界を迎えます。

「もんじゅ」も六ヶ所再処理工場も、計画浮上時のスケジュールからすれば大幅な遅れですが、いよいよプルトニウム時代の入口に立たされたと覚悟させられた時期でした。とはいえ海外では、一九八九年五月三十一日にドイツでヴァッカースドルフ再処理工場が建設中止、九一年三月二十一日には同じくドイツで高速増殖炉「ＳＮＲ‐３００（カルカー）」の運転入りが、核燃料装荷を前に断念されていました。

「西尾君は冷たい」

一九九一年十一月二日から四日にかけて、原子力資料情報室は、グリーンピース・インターナショナルと「国際プルトニウム会議」を埼玉県大宮市で共催しました。イギリス、フランス、ドイツ、アメリカ、ソ連から錚々たる参加者を得ての会議の記録は、高木仁三郎編『プルトニウムを問う』（社会思想社、一九九三年）にまとめられました。

九二年十月四日から六日にかけては、アメリカの核管理研究所と共催で「アジア・太平洋プルトニウム輸送フォーラム」を東京で開催しています。ナウルの大統領らが出席してくれました。九二年十一月七日、フランスからの「返還」プルトニウムを積んだ輸送船がシェルブール港を出て日本に向かうのに反対してのものです。

輸送船の名は「あかつき丸」。その実はイギリス籍の使用済み燃料輸送船「パシフィック・クレイン」で、一時的に日本籍にして、三五ミリ機関砲などを装備した新造の海上保安庁巡視船「しきしま」を護衛につける理由づけをしたものです。役目を終えると、元の名前に戻りました。

海上保安庁につくられた特殊警備隊（サブマシンガン、自動小銃、拳銃で武装）の一三人が警乗した「あかつき丸」は一九九三年一月五日、茨城県東海村の日本原子力発電専用港に入港し、プルトニウムは翌六日にかけて動力炉・核燃料開発事業団の「もんじゅ」用プルトニウム燃料製造施設に運ばれました。輸送には米海軍の潜水艦二隻がこっそりと付き添い、米軍事衛星が監視にあたりました。東海村沖では海上自衛隊の潜水艦二隻も出動していたとか。他に韓国海軍と正体不明の潜水艦各一隻もいた、と小峯隆生著『海上保安庁特殊部隊ＳＳＴ』（並木書房、二〇〇五年）には書かれています。

原子力資料情報室の高木仁三郎代表は、一月四日から七日まで、科学技術庁の門前でハンガー・ストライキ。「脱プルトニウム宣言」を発表し、「プルトニウム増殖」の夢は消えた、再処理を中止せよ、「第二のむつ」は許されないと訴えました。私は、食事は抜かずに（高木さんからはいつも「西尾君は冷たい」と嘆かれていました）座り込みにおつきあいしました。

原子力実験船「むつ」は、一九九〇年七月十三日に実験航海に出発、九二年二月十四日に実験を終了します。そのうち原子力を動力として走ったのは、一〇〇パーセント出力換算で九五日に足りません。「第二のむつ」は許されないというのは、「むつ」は何の成果も残さず、莫大なお金を無駄遣いしただけとの意なのでしょう。日本原子力船開発事業団の佐々木周一理事長は『原子力工業』七二年十一月号で「第一船をつくって、第二船以降をつくらないのは、私は国費の濫費になると思う」と語っていましたが、実際に第二船以降は計画すらつくられなかったのです。

それでも原子力委員会の『原子力白書』各年版は「実験航海を成功裏に完了した」と誇っていました。原子力船の実用化にはまったくつながらなくても航海の一部を核燃料で走っただけで成功なのですから、高速増殖炉が実用化をしなくても「もんじゅ」をちょこっと動かすだけで成功と言いかねません。それすらできないのですから、「もんじゅ」は「むつ」以下なのかも。

そういえば、「もんじゅ」と「むつ」をめぐって、こんな「論争」もありました。『原子村』という茨城県東海村の原子力関係者の同人誌の一九九六年春季号でのことです。日本原子力研究所（原研）から動力炉・核燃料開発事業団（動燃）に移り、高速増殖炉開発本部主任研究員、理事を経て退任した望月恵一さんが「正月、多くの方々から頂いた年賀状で、『もんじゅ』は『むつ』の『二の舞』の如きだと指摘された意見が有りました。確かに、ここまでの所はその様に思われても仕方ありません。しかし私の考えでは、『もんじゅ』は『むつ』と違って、わが国原子力開発の〝根幹〟に触れる問題と考えます」と書いたのに対して、掲載前の原稿を読んだ元原研理事の吉田節生さんが同じ号で噛み付きます。

「大兄は、もしかしたら一部マスコミが未だに口にするように『むつ』は廃船になったと認識しておられるのではないでしょうか。だから『もんじゅの問題は、むつと違って……』と強調し、『もんじゅ』を廃炉にしてはならないとの考えに基づいて述べているようにもとれます。

若しそうなら、これは大変な誤解です。私は計らずも当時原研にいて修理を終えた『むつ』

を組織ぐるみ引取る任務に携わっていました。

『むつ』は、自民党一党支配の時代に、党内の有力な廃船論に対し、原子力委員会始め関係者は辞表を懐に存続論を展開し、存続決定後は修理をし、八次にわたる厳しい実験航海を終え、自主技術のみで所期の成果を挙げたのでした。その成果は、よりコンパクトで効率的な船用炉の研究開発へと引き継がれ、解役（廃船ではなく）後の船体は今後海洋観測船としての活躍が期待されています。

だから『もんじゅ』の存続を願い、高速増殖炉の研究開発を継続すべきという立場をとるとしたら『むつと違って』などというべきではなく、『むつ同様に』とか、あるいは『それ以上に』というべきです。高速増殖炉といえば他の研究開発と異なって最優先、肩で風を切れるとの思い込みは、これも動燃の体質の中の積弊の一つです」。

やれやれ、先に見た原子力船開発の末路を考えればまさに目くそ鼻くその趣きですが、ことほどさように仲の悪い原研と動燃が合体して日本原子力研究開発機構となった行く末が案じられます。

また、脱線してしまいました。一九九三年九月二十五日に原子力資料情報室は、前述のように、シンポジウム「今、なぜプルトニウムか」を日本原子力産業会議と共催しています。発言順に動力炉・核燃料開発事業団の菊地三郎企画部長、高木仁三郎代表、京都大学原子炉実験所の小林圭二助手、東京大学原子力工学研究施設の小野双葉助手、関西電力の横手光洋原子燃料

1994 年 3 月 26 日、敦賀市でのシンポジウム。向かって左から高木仁三郎さん、フランク・バーナビ—さん、筆者

部長、原子力発電に反対する福井県民会議の小木曽美和子事務局長といったパネリストの顔ぶれでした。

九四年三月二十六日には「もんじゅ」のある福井県敦賀市でシンポジウム「いま改めて〝もんじゅ〟を問い直す」を、原子力発電に反対する福井県民会議、原水禁、グリーンピース・ジャパンと共催。ストックホルム国際平和研究所のフランク・バーナビー元所長と高木代表が核拡散や事故の危険性を、私が経済性を論じました。

同年六月二十六日には青森市で「再処理を考える青森国際シンポジウム」を主催します。英サセックス大学科学技術政策研究所のフランス・バークハウトさん、ドイツのエコ研究所のミヒャエル・ザイラーさん、ベルギーのエミール・ヴァンデベルデ研究所のヤン・ミヒルスさんと名城大学の平井孝治さん、高木代表、それにゲストとしてヴァッカースドルフ再処理工場の建設を中止させたドイツのシュヴァンドルフ郡長ハンス・シュイーラーさんが参加。科学技術庁の森口泰孝核燃料課長、倉持隆雄バックエンド推進室長も出席して、原子力利用長期計画や放射性廃棄物の処分政策について説明しました。

謎の笹かまぼこ

とても悲しいことがひとつ。二年ほど前に戻って一九九二年三月、原子力資料情報室はスタッフの大熊富夫さんを火災に伴う一酸化炭素中毒で喪ったのです。二月末に東中野に移転した先が手狭だったため、近くに分室を持ちました。その分室で三月六日、引越し荷物の整理をしていた際、電気コンロのスイッチが荷物に押されて、着火してしまったようでした。離れたところにいた大熊さんが異変に気づいたときには、すでに一酸化炭素を吸い込んで動けなくなっていたのだろうといいます。意識不明のまま病院に運ばれ、翌日に息を引き取りました。火災は延焼に至らず、小火でおさまったのですが、そのことがかえって理不尽に思えるほど悔しい出来事でした。

大熊さんが指摘していた電力会社の発電・送電・配電一貫体制の問題点がようやく社会問題化してきたいま、改めて残念に思います。ところが、この火災と大熊さんの死について、許しがたいことが起きました。直後から「原子力資料情報室へ緊急カンパを！」というニセの文書が出回るようになったのです。大切な資料の大半を焼失したとか、弔慰金や損害賠償などで一〇〇〇万円ほどが必要になり、「場合によっては資料室の一時閉鎖も」とかの事実に反する情報を入れ込みながら、もっともらしくつくられたものでした。

新春のお慶びを
申し上げます

松飾りがとれる頃　あかつき丸が帰港します。
今後十年続くこの物資の国内輸送に向け　グリーンピースの指揮の下
日本中の注目を集めてゆきたいと思います。
念頭に当たり、二十年前の全共闘の時代の興奮を覚えておられる皆様
の協力と連帯をお願い致します。

九三年　元旦

埼玉県草加市〇〇〇〇〇〇〇
西尾　漠
電話（〇〇〇〇）〇〇－〇〇〇〇
勤務先（〇〇）〇〇〇〇－〇〇〇〇

ニセの年賀状。

こうした嫌がらせは以前からもいろいろありましたが、プルトニウムをめぐって原子力資料情報室の活動が活発になったことでエスカレートしたのでしょう。一九九二年夏には高木代表の名を騙った暑中見舞い、九三年の正月には西尾の名でのニセ年賀状が、全国のかなりの人のもとに届きまし

た。西尾の偽者のほうはずさんで、プルトニウム輸送に「グリーンピースの指揮の下日本中の注目を集めてゆきたい」とか「二十年前の全共闘時代の興奮を覚えておられる皆様の協力と連帯を」とかといった、いかにもいんちきくさい文面でしたが、高木さんのほうは露骨さを抑えて巧みに運動の成果の乏しさを語り、株主運動に水を差すもの。まさかニセの暑中見舞いなどが届くとは思わないので本人が書いたと信じて抗議をしてきた方もありました。

やはり名前を騙って、受け取り人払いで金塊やトラクター、ベッドなどを注文したり、怪しげな雑誌の購読申し込みをしたり、ということもつづきました。入社案内や入学案内の請求もしてくれていて、私は高校生にまで若返ったようでした。おそらく一〇〇人以上の人に、わけのわからないものの入った封書が、毎日何通も届きました。自宅の写真というのは脅しになりますが、仙台から笹かまぼこ一枚とかは何のつもりだったのでしょう。

それにしても嫌がらせの手口には、実に悪辣なものがあります。反対派の家に無言電話をかけるのはよくあることですが、石川県珠洲市では、推進派の家にも無言電話をして、互いに相手がやったものと思い込ませ対立を煽ったと聞きました。

一九九五年七月十八日に、同様の嫌がらせを受けていた団体・個人の連名で日本弁護士連合会に人権救済を申し立て、記者会見を行ないました。

より堂々としたというか居丈高な嫌がらせ、あるいは圧力としては、著述・発言への抗議や訂正要求があります。それも、筆者にではなく、出版者やテレビ局に抗議をしてくるのです。大

再び原発推進に揺り戻す時間**稼**ぎをゆるさない。被ばく労**働**を直視し、脱原発の実現を**阻**む動きの封殺を！再稼働を**止**めつづけることで、止めた**か**らといって何の問題も起こ**ら**ないと誰もが実感できる。**原**子力発電を廃絶しない限り**発**生しつづける各種の放射性**廃**棄物まみれの核の延命策を**絶**ち原発も核兵器もない未来**へ**。

二〇一三年　元旦

東京都新宿区住吉町8-5　曙橋コーポ2階B

反原発運動全国連絡会

ホンモノの年賀状（個人名のものも同文）。毎年こんな文字遊びをしているので、見慣れている人は一目でだまされず。

学や研究機関に勤めている人の場合は、勤め先に抗議をしてきます。

　また、資源エネルギー庁では反原発発言の監視を行なっています。二〇一一年七月二十三日付の『東京新聞』によれば、経済産業省資源エネルギー庁が、新聞や雑誌の記事を監視する事業を年間一〇〇〇万～二四〇〇〇万円で外部委託していたといいます。委託先は、〇八年度が社会経済生産性本部（現・日本生産性本部）、〇九年度が日本科学技術振興財団、一〇年度がエネルギー総合工学研究所で、一一年度は「広告代理店」の予定だったそうです。

第Ⅲ章　さようなら原発

1　夢から覚めて――「国策」のほころび（一九九五〜一九九九年）

初めての反旗

一九九五年。大きな出来事がつづけざまに起こり、日本の原子力開発は転機を迎えます。日本の原子力開発は、「国策民営」と名づけられていました。国が政策をつくり、民間が実行するというものです。原子力委員会がほぼ五年ごとに改定する「長計」（原子力の研究、開発及び利用に関する長期計画）が、その中心にありました。ところが、「国策」にひびが入り、「民営」からの離脱が始まります。一九九五年は、そのことを強く印象づけた年でした。

一月十七日、阪神・淡路大震災が起こります。その甚大な被害は、原発に限らず、あらゆる「安全神話」を白日の下に引き出すことになりました。四月十四日には電気事業法の改正が成立し、卸発電が自由化されました。フランスへの再処理委託に伴う高レベル放射性廃棄物が日本に返送されるようになり、同月二十六日に第一陣が青森県六ヶ所村の管理施設に搬入されました。

七月十一日、電気事業連合会が、新型転換炉（ATR）の実証炉をつくる計画の見直しを、電源開発（電発）や通商産業省、科学技術庁に申し入れます。新型転換炉は、軽水炉と高速増殖炉の中間に位置するような原発で、日本の独自開発で生まれました。原型炉の「ふげん」が動力炉・核燃料開発事業団によって福井県敦賀市に建設され、一九七九年三月二十日から運転されていました。実証炉の開発は民間に移り、電源開発が青森県大間町に建設するべく準備をしてきました。

もともと新型転換炉に乗り気でなかった電力業界です。実証炉開発中止の動きは、何度もありました。瀕死の状態だった建設計画が一九八二年八月二十七日の原子力委員会でやっと正式決定された背景には、皮肉にもプルトニウムの使いみちが見出せないことがありました。業界誌『原通』八二年六月二十一日号によれば、科学技術庁では「ATRはごみ焼却炉」と呼び、「プルトニウムを増やす発想からプルトニウムを減らす発想への転換」があって新型転換炉は息を吹き返したのです。

電力業界は、嫌がっていたものの、「国策」にしばられて反対できずにきました。しかし、民間でとなると各電力会社は応分の建設費用負担を余儀なくされます。運転が始まれば、高い電気を買わないわけにいきません。実際に、当初は三一二三億円の建設費で、うち民間負担分が八三七億円とされていた実証炉の建設費は、一九八五年五月には三九六〇億円、民間負担一〇七七億円に引き上げられました。引き上げを前にした八四年十月十五日付『日刊工業新聞』から引用しておきます。

「電力業界首脳は『昨今の業界状況からいって負担金増には応じられない。それでもやるならどうぞということだ』と極めて厳しい姿勢。逆に同計画の実施主体を担う電発では『当社は好き好んで受けたのでなく官民で請われて実施主体の任にあたっているわけで、何のご冗談を！』と語気は強い。つまり、ＡＴＲについては建設する方もしてもらう方（電力九社）もいまや乗り気薄。反面、通産省では『一度決定したものをやめるなんてとんでもない。強権発動、モミ手、スリ手してでもやらせる』といった調子」。

けっきょく電力業界は負担金増を呑まされました。そして一〇年後の一九九五年、建設費はさらに増えて五八〇〇億円と試算されます。電力業界としては切羽詰まっての見直し要請であり、電気事業法改正で独占に穴をあけられたのをタテにとって、競争を甘受するのだからとの高圧的要請でもありました。こうして電力業界は初めて、公然と国策に反旗を翻したのです。

電源開発には代わりに改良型の沸騰水型炉を建設させ、新型転換炉で使われるはずだったプルトニウムを消化するため全炉心にＭＯＸ（プルトニウム・ウラン混合酸化物）燃料を入れることが可能なフルＭＯＸ炉とすることを、電気事業連合会は提案し、八月二十五日、原子力委員会がこれを受け入れて、新型転換炉の建設は正式に中止されました。

電力業界はもともと新型転換炉に乗り気でなかった、と右に書いたばかりですが、高速増殖炉についても同じことが言えます。理由はコストの高さです。計画当初は三六〇億円と見積もられ、国と民間で折半とされていた「もんじゅ」の建設費は五八六〇億円と、実に一六倍にふくれあがりました。民間の出資も、折半はできないと拒否したものの、一〇〇〇億円余の負担増となる一三八〇億円になったのです。新型転換炉の負担金増どころではありません。

当初「折半」と決めた時には、「原型炉が所要の試験運転を終えたのちの〝残存価値〟はその建設費の二分の一と見込まれ、民間出資と相殺した形で民間に譲渡されるものとされた」そうです（森一久編『原子力は、いま―日本の平和利用三〇年』日本原子力産業会議、一九八六年）。しかし、民間にしてみれば、譲渡されても困る炉にお金を捨てたようなものでしょう。

「もんじゅ」の設置許可が申請された一九八〇年には、「高速増殖炉を我が国において一九九〇年代に実用化するため」というのが「使用の目的」でした。九〇年代はとっくに過ぎ去り、二〇〇〇年代を過ぎても実用化どころか、その前の実証炉はおろか、原型炉の「もんじゅ」自体が運転に入れていないのですから、事故を待つまでもなく実用化が非現実的であることは、はっきりしていました。それでも「もんじゅ」からの逃亡が許されなかったのは、まさに「わが国原子力開発の〝根幹〟」だったからでしょう。一九五六年につくられた最初の原子力長期計画に「国産増殖炉の開発を目指す」ことがうたわれたときから日本の原子力開発の目標は高速増殖炉だったのです。

もんじゅの智慧にあやかれず

そして一九九五年十二月八日、「もんじゅ」でナトリウム漏洩・火災事故が発生します。事故を受けて九六年一月二十三日、福井・福島・新潟三県の知事が「今後の原子力政策の進め方について」の内閣総理大臣への提言をとりまとめました。「陳情」でも「要望」でもなく「提言」というのは画期的です。福井県の県民生活部長は県議会で「国へは忠告しており、お願いしている意識はまったくない」とまで言い切りました（二月十日付『福井新聞』）。

高速増殖炉も新型転換炉も挫折して、それらで使われる計画だったプルトニウムの過剰保有が国際的に問題視されます。八キログラムのプルトニウムがあれば、工程ロスを考慮しても核弾頭がつくれるというのに、日本はその四〇〇〇倍ほどのプルトニウムを抱え込み、さらに六ヶ所再処理工場を動かしてプルトニウムを増やそうとしていたからです。

そこで少しでもプルトニウムを減らすために、軽水炉（ふつうの原発）でＭＯＸ燃料を燃やすプルサーマル計画が、にわかに具体的に動き出すことになります。これにも電力業界は消極的で、避けつづけてきたのですが、新型転換炉に代わってフルＭＯＸ炉をというように、新型転換炉や高速増殖炉よりはマシだと考えたのでしょう。いや、フルＭＯＸにすれば、他の原発で燃やす分を少なくできると考えたのかもしれません。日立製作所が発行する『日立評論』の一九九五年四月号は「ＭＯＸ燃料の集中装荷によって国内でのプルサーマル利用軽水炉の基数を十数基から三基に減らすことができる」とフルＭＯＸの利点を明快に述べていました。

政府がプルサーマル計画の推進を閣議決定したのが一九九七年二月四日。十四日には通産大臣、科学技術庁長官、そして十七日には首相が、福井・福島・新潟三県の知事に協力を要請します。電気事業連合会は二十一日、電力各社の計画をまとめて公表しました。

他方でまた海外に目を移すと、一九九七年六月十九日、世界の先頭を走っていたフランスの高速増殖実証炉「スーパーフェニックス」が閉鎖され、九八年二月二日に廃炉が正式決定されます。五月十一日にはインドが、二十八日と三十日にはパキスタンが核実験を行ない、核拡散の危険性がクローズアップされました。

国内でも一九九七年三月十一日に東海再処理工場に隣接する放射性廃液のアスファルト固化施設で火災・爆発事故が発生します。この事故は、「もんじゅ」事故につづく「どうねん（動力炉・核燃料開発事業団）」の事故隠蔽体質を暴きだすことで、九八年九月三十日には核燃料サイクル開発機構への看板のかけかえを促し、再処理・プルトニウム利用政策への不信を増大させました。

そうした中、一九九九年秋には、ベルギーのデモックスＰゼロ工場でつくられた東京電力福島第一原発三号機用のＭＯＸ燃料とイギリスのセラフィールド工場でつくられた関西電力高浜原発四号機用のＭＯＸ燃料が同じ船で運ばれてきて、それぞれ九月二十七日、十月一日に原発専用港に到着します。ところが、まだ輸送中の九月十四日、セラフィールド工場での品質管理データ捏造が暴露され、まだイギリスの工場内にあった高浜原発三号機用のＭＯＸ燃料については、国も関西電力も不正を認めました。一方、到着済みの四号機用燃料では「不正はなかった」と強弁していた関西電力ですが、とうとう否定できなくなり、十二月十六日に使用中止を表明します。燃料は二〇〇二年七月四日、イギリスに返送されました。福島でも、ＭＯＸ燃料の装荷は延期となります。

高浜原発用ＭＯＸ燃料の品質管理データ捏造を暴露したのは、「美浜の会（美浜・大飯・高浜原発に反対する大阪の会）」と「グリーン・アクション」という二つの市民グループでした。その経緯は、両会編の『核燃料スキャンダル』（風媒社ブックレット、二〇〇二年）に活写されています。

私はテレビに出たくなかった

ＭＯＸ燃料が二原発に運ばれた間の一九九九年九月三十日、茨城県東海村の核燃料加工工場ジェー・シー・オー（ＪＣＯ）で臨界事故が発生しました。核分裂の連鎖反応が持続する臨界状態は、原子炉の中でこそ必要ですが、別の場所で起これば事故となります。大量の放射線を浴びた三人の労働者のうち、特に被曝量の大きかった二人は、治療のかいなく九九年十二月、二〇〇〇年四月に亡くなられました。半径三五〇メートル以内の住民に避難の指示が出され、半径一〇キロ以内は屋内退避となりました。日本の原子力関連施設で初めて避難が実施された事故は、原発の立地自治体、住民に大きな衝撃を与えました。

事故は、ＪＣＯの主事業であるウランの再転換（ウラン濃縮のため酸化ウランからフッ化ウランに転換されたウランを、濃縮後に酸化ウランに戻すこと）ではなく、高速増殖実験炉「常陽」のＭＯＸ燃料製造のために濃縮度一九パーセントという、主事業で扱うウランより五倍ほど濃縮度の高いウランから不純物を取り除く作業で起きました。ここでも、発注元の核燃料サイクル開発機構の責任が問われることになりました。

事故直後の十月三日、ＮＨＫの「日曜討論　なぜ起きた国内最悪放射能漏れ事故」にひっぱり出されました。佐藤一男・原子力安全委員長や内藤奎爾・元原子力安全委員長代理といった専門家の中で、いささかならず心細い討論でした。何を話せたか、記憶も定かでありません。このときに限らず、「もんじゅ」や核燃料サイクル、あるいはエネルギー政策をめぐって何度かテレビ討論を経験しましたが、後になって悔やまれることばかりで、とても苦手です。『朝日新聞』に連載中の松尾スズキさんの小説の題名とは逆に「私はテレビに出たくなかった」。

プルサーマルなどをめぐる公開討論や原子力委員会、総合エネルギー調査会原子力部会での意見聴取など、ある程度まとまった話ができる討論会ならまだよいのですが（それでも反省しきりです）、テレビだと短く発言しなければならず、また、何人もの発言者がいてうまく割り込めません。視聴した人から「強引でないのが好印象を与えた」などと慰められるのですが、発言の中身でほめられることは、まずありません。それどころか「ケンカに負けている」「だらしがない」と叱られてばかりです。結論だけを言えば司会者が理由を聞いてくるだろう、そうした根拠を説明しようなどと考えていても、なかなかうまく聞いてくれませんし、誰かの発言に反論しようとしているうちに話題が変わってしまうのです。

と泣き言を言ってもはじまりません。本題に戻りましょう。

一九九〇年代後半は、プルトニウム利用が本格的に動き出そうとする一方で、プルトニウムにかかわる事故・事件が噴出した時期でした。

原子力資料情報室では高木仁三郎代表を中心に上澤千尋《ちひろ》や私も加わり、一九九五年十一月から九七年十月までの二年間、ワイズ・パリを主宰していたマイケル・シュナイダーさんらとともに「ＭＯＸ燃料の軽水炉利用の社会的影響に関する包括的研究」を行ないました。報告の日本語版全文は、高木仁三郎、マイケル・シュナイダー、フランク・バーナビー、保木本一郎、細川弘明《こうめい》、上澤千尋、西尾漠、アレキサンダー・ロスナーゲル、ミヒャエル・ザイラー共著の『ＭＯＸ燃料評価』（七つ森書館、一九九八）で読むことができます。

噂を信じちゃ

そのＭＯＸ総合評価で高木さんは、シュナイダーさんとともに「もうひとつのノーベル賞」

と呼ばれるライトライブリフッド賞を受賞しました（九七年十二月八日表彰式）。悲しいことに直後に、がん罹患がわかり、闘病生活の中でなお活躍されましたが、二〇〇〇年十月八日、帰らぬ人となります。

十二月十日に東京・日比谷公会堂で開いた「高木仁三郎さんを偲ぶ会」では実行委員長をつとめさせてもらいましたが、あらかじめ高木さんが自身で用意してくれたような「偲ぶ会」だったと言えば言いすぎでしょうか。偲ぶ会は、高木さんの故郷の前橋や札幌、青森でも持たれました。青森での会で、私はこう〝暴露〟しています。「今日の資料の中にも高木さんのメッセージが入っていますけれども、十二月十日の『偲ぶ会』の時に読むべきメッセージまで予め用意してあって、さらに言うと、遺言の中にその時に流す音楽まで『何を流せ』と指定してありまして、そこまでしなくてもいいように思いますけれども」（「高木さんを偲ぶ会」青森実行委員会『新しい世紀をのぞみつつ平和で持続的な未来に向かって』二〇〇〇年）。

思えば高木さんは、常に先を見ている人でした。高木さんと私は性格がまったく反対で、そのためにかえってぶつかることが少なく、うまくやってこられたのかもしれません。乱暴に言えば、高木さんはまず変革を肯定した上で、なお変えるべきでないと判断すれば変えない、私のほうはまず現状を肯定し、どうしても都合が悪ければ変えるという違いでしょうか。当然ながら高木さんは未来志向となるわけです。

原子力資料情報室の某スタッフの評によれば私は「リーダーシップを発揮しないし仕事もし

ない。でも、いるだけで皆が落ちつく」そうです（別の人からは「共同代表としての責任感がなく、自分の好きなことしかしないだけ」と批判されています。頼りにならないから、皆が自主的に動いてくれるのです）。高木さんはまさにリーダーであり、仕事熱心で、そのぶん、まわりは落ち着けないところがありました。私は八方美人で、なるべく「敵」はつくらないようにしています。高木さんは、自分が正しいと思えば他人との摩擦をおそれない人でした。その根拠が、科学者としての自信だったと思います。私との間ではあまり衝突はなかったものの、皆無とはいきません。でも、ごくたまに私が本気で怒ると、急に機嫌を取ってきて、そのうえであの笑顔（と言っても、知らない人が多くなってしまいました）を見せられると、それ以上は怒れませんでした。

ここで、本題から外れたエピソードをひとつ。

一九九六年十月二十四日から二十六日、国際プルトニウム評価の中間取りまとめの会合が京都であり、最終日には市民向けの中間報告会を開催しました。会合には海外、国内からそれぞれ十数名が参加し、二日間の議論は、私が発言したときをほとんど唯一の例外として、通訳なしの英語のみで行なわれました。何とも過酷な二日間でした。そんな私ですが、その後の三十日から三十一日、後にドイツの原子力安全委員長に就任するエコ研究所のミヒャエル・ザイラーさんと共に、三重で講演をする機会を持ちました。三十日に伊勢市、三十一日は芦浜原発計画の地元である南島町。そこで私は「英語ができる」と誤解されているだろうことから、この機会に訂正しておきたいのです。

1996 年 10 月、国際プルトニウム評価中間とりまとめ会合（京都）。向かって左から高木仁三郎さん、筆者、英語が分からずにいると教えてくれた田窪雅文さん

伊勢市では、ザイラーさんは英語で講演をしました。問題は翌日の南島町で、ドイツ語に堪能な人が通訳だったのですが、原子力についての知識はなかったようで、何の話をしているのか理解できず、立ち往生してしまったのです。私はドイツ語学科に入学こそしたものの、ドイツ語はまったくわかりません。そこでザイラーさんには英語に切り替えてもらい、通訳の真似事をしました。

身近な人は知っているように、海外からお客さんが来てもあいさつすらできない私です。海外にも出ないようにしていて、高木さんが闘病生活で参加できないことからやむをえず、原子力資料情報室が事務局をつとめていた「アジアにおける持続可能で平和なエネルギー」のワークショップのために一九九九年十一月、タイのコーラル島へ、また翌二〇〇〇年三月には運営会議のために中国の北京に行きましたが、単独行動は空港とホテルの間のタクシーでの往復だけで済ませました。

だから、誤解されたままだと困るのです。奇跡を起こせたのは、ザイラーさんの英語がゆっくり・はっきりで聞きとりやすかったことと、原子力用語がたくさん出てくるからでした。そうなればこっちのもの。ザイラーさんの持論から容易に推測ができました。そんなわけで、この時は必死で「通訳」をしましたが、二度とごめんです。

いそがばまわれ

まさに閑話休題。この時期に大きく動いたのは、高レベル放射性廃棄物の処分政策です。原子力委員会は一九九五年九月十二日に処分に向けた取り組みの強化を決定し、高レベル放射性廃棄物処分懇談会と原子力バックエンド対策専門部会を設置しました。専門部会は九七年四月十五日に報告書「高レベル放射性廃棄物の地層処分研究開発等の今後の進め方について」をとりまとめ、処分懇談会は同年七月十八日に「高レベル放射性廃棄物処分に向けての基本的考え方について（案）」をパブリックコメントにかけた上で、翌九八年五月二十九日、報告書として決定しました。約半年間のパブリックコメントの期間中、処分懇談会は、大阪、札幌、仙台、名古屋、福岡で意見交換会を開催。私は「自費で毎回参加しているのは私だけ」として毎回、傍聴席から発言をしました。

高レベル放射性廃棄物は増えつづけること、それを地層処分することを前提にした処分懇談会の報告書をもとに、処分のための法律や体制づくりが進みます。法案提出を前に、私は『朝日新聞』の「論壇」に投稿し、一九九九年九月七日、「放射性廃棄物処分だれの責任か」の見出しで掲載されました。資源エネルギー庁が八月十七日に原子力委員会に報告した法案の概要が、電力会社の発生者責任と国の災害防止責任のどちらもあいまいにしていることを批判したものです。法案は、二〇〇〇年三月十四日に国会に上程され、五月十日、私は衆議院商工委員会に、地圏空間研究所の小島圭二代表、東京大学の近藤駿介教授、原子力環境整備センターの坪谷隆夫理事とともに参考人として呼ばれます。そこでは、次のように述べました。

＊

この法律案が出ていることすらほとんどの国民は知らないだろうと思います。ましてや、その中でどういうことが問題になっているのかということについては、全くと言っていいくらいに知らされていないのではないかというふうに思うんですね。これはまさに国民一人一人がきちんと考えるべき問題だということを、先ほどからお話に出ている高レベル放射性廃棄物処分懇談会でも言われてきたことであるわけですけれども、そういうことからすれば、本当に国民一人一人がどういうことが問題なのかということを理解していかないといけない。そういうことからすると、急いでこの法案をつくるということについては余りに拙速という気がいたします。その意味からすれば、これは一たん廃案にして、もっときちんとした国民的な議論を行うべきだというふうに考えております。

さらに、この法案の中で、例えば安全規制については別に定めるということが書かれているわけですけれども、いわば国民の立場からすれば一番知りたいことが、それは後で決めますから、それでいいでしょうということになってしまうということも問題だろうと思います。そういう意味からすれば、安全規制のあり方も含めてトータルな提案がなされて、それについて十分な時間をかけて議論して、それから決めていく。この法案が扱っていることの中身の時間的な長さからすれば、それぐらい時間をかけることの方がよりよいことだというふうに考えています。

その上で、幾つか個別の問題点についてお話をしたいと思うんです。一つは、この法律案が原子力発電の推進ということを目的に掲げている。確かに、原子力発電をこれからも進めていくべきだという御意見はあるだろうと思います。しかし、もう一方で、原子力発電を進めていくことについてはやはりいろいろ問題があって、むしろできることならやめたいというふうに思っている。これは、総理府の世論調査等を見ても、これからも積極的に進めていきたいというふうに思っている国民は非常に少ない。そのことの、私自身の意見を別にして言えば、やめられるものならやめたいけれども、結局やめられないいんじゃないかというふうには思っているかもしれないけれども、少なくとも積極推進だという国民的な世論はないだろうと思います。そういうことを考えるときに、これが原子力発電推進のための法律ですということになってしまうと、ますます国民の側からはこの法案そのものをきちんと考えないことになっていくのではないか。

いずれにしても、放射性廃棄物、既に現在目の前にもあるわけですし、残念ながら、これから先も原子力発電を続けていくとすれば、それに伴って発生をしてくるものがあるわけで、これを何とかして安全に管理をしていかなくてはいけないということを考えたときには、原発を推進するのかそうじゃないのかというようなことが目的に書かれているのではなくて、むしろこれをいかに長期的に、きちんと安全に管理していくのかということが法律の目的にされるべきであるというふうに考えます。

そのことと絡めていいますと、安全の確保ということについて非常にこの法律案は意識が薄いというふうに言わざるを得ない。（以下略）

＊

しかし同月十六日に法案は衆院を通過、三十一日に参議院本会議で可決されて成立します。そこで、法案審議の中で明らかになったこと、明らかにできなかったことを、二〇〇〇年六月二十四日に日本弁護士連合会人権擁護大会のプレシンポジウム「高レベル放射性廃棄物は安全に処分できるか」が岐阜県土岐市で開かれた際に述べさせてもらいました。

また、七月十五日に神奈川県川崎市で開かれた科学技術庁主催の「放射性廃棄物シンポジウム」でも、「こういうシンポジウムというのが、本来でしたらそういう法律を作る前なり、議論をしている時にもっとちゃんと開かれるべき」であると批判した上で、「高レベル放射性廃棄物処分法の問題点と改正の方向」について述べました。

司会の小沢遼子さんが「孤立無援」と紹介してくれたような中でのパネル討論では、「私の専門は地質学でして、地下深部での長期の安全がどのように保たれるかということの説明役」と自己紹介した富士常葉大学の徳山明学長を相手に、典型的な「シロウトだまし」の説明に反論を加えることに傾注しました。

ところで、高レベル廃棄物を受け入れた地域は「死の地域」となるかのように反対派は主張していると思われているとすれば、それは誤解です。日本のどこかしらでは、受け入れてもらわなくてはならないものなのです。そこが「死の地域」になってよいはずがありません。しかしもちろん、「危なくないから引き受けて」ではなく、「危ないからこそ慎重に扱うので引き受けて」と頼まなくてはなりません。大きな危険性を有するものだからこそ、そのことを十分に理解したうえで、危険が顕然化することのないよう管理をしていく必要があるのです。安易に地層処分を急ぐのでなく、どうすればもっとも危険の少ない後始末ができるかの研究を真剣に進めながら、技術の進展に応じてより適切に管理の場所や方法を変えられるやり方で管理をつづけることだと思います。

核の傘無用

一九九六年九月十日、国連総会で包括的核実験禁止条約（ＣＴＢＴ）が採択され、二十四日に署名式が行なわれます。しかし同条約の発効にはインド、パキスタン、北朝鮮などの署名・批准が条件となっていて、発効は難しい状況です。その後、実際に核実験を行なったのはインド・パキスタンと北朝鮮ですが、アメリカやロシアは未臨界核実験やＺマシン（米サンディア国立研究所の超高エネルギーのパルスX線発生装置）を使った核爆発時のプルトニウムの挙動実験をつづけています。また、条約採択直前にはフランスや中国が駆け込み的に核実験を実施し、私も大使館に押しかけて抗議をしました。婦人民主クラブの新聞『ふぇみん』一九九五年九月十五日号に、こんな一文も載せました。

「九月五日（日本時間六日）、フランスは核実験の再開を強行した。そのことに強く抗議するとともに、今後の核実験を許さない運動をいっそう強めていきたい。

強行されたとはいえ、このフランスの核実験再開と中国による核実験の継続に対しては、文字通り世界中で反対・抗議の声が上がっている。そうした声におされて、日本政府や日本の国会でも、従来とは異なる核実験反対の姿勢が見られた。

とりわけ八月四日の衆参両院がそれぞれ全会一致で採択した決議は、『すべての国の核兵器の製造、実験、貯蔵、使用にも反対』する〝画期的な〟ものだった。

アメリカの『核の傘』をも否定するこの決議の意味を、どれだけの議員が承知の上で賛成したかは疑問であるし、決議の内容を批判することは、いくらでもできるだろう。

同じことは核実験反対の運動についても言える。そこに欠けているものも、いくらでも指摘できるにちがいない。

しかし、そうした批判よりも、もっともっと、核実験反対の声を大きくすることのほうがだいじだと、私は思う。核実験は核の使用の一里塚であるという以上に、実験場周辺の環境と、人びとの暮らしに甚大な打撃を与えかねないものであるのだから。

そして、仮に放射能被害は避けられたとしても、人びとの日常の生活と心の安寧は、すでに実験再開の発表とともに破壊されているのだし、実験の強行がなお悪化させることはまちがいないのだから。（後略）」。

書き写しながら、これを福島原発事故と重ね合わせました。

2　世の中変わった――見直される原子力（二〇〇〇〜二〇一〇年）

電力会社も喜んだ

二〇〇〇年二月二十二日、三重県の北川正恭《まさやす》知事が県議会で芦浜原発計画を白紙に戻すべきと表明。中部電力は同日、計画を断念しました。二十三日の株価は急上昇、「市場では『電力需要が伸び悩む中で、巨額の投資を必要とする原発計画をあきらめたことは、かえって経営にプラス』などと前向きに評価している」と二十四日付の『電気新聞』は報じました。

私は同じ月の六日、原発推進の社会経済生産性本部に人選を丸投げした県のエネルギー問題調査会に対抗して、「脱原発みえネットワーク」が開いている県民エネルギー調査会に招かれました。そこで、「県の調査会の議事録を読んでも、これで原発推進という結論は出せないのではないか」と述べましたが、まさに予想通りの結論になりました。一九九九年十二月十七日付の『中日新聞』三重県版に載ったインタビューでは、「推進側が納得できる材料を用意した上で『やめましょう』と言えるのは知事しかいない。地元を代表する知事のひとことがあれば、国策とはいえ、中電も受け入れざるをえないだろう。政府も同じだ」と述べました。

実は中部電力も計画撤回を望んでいると言いたかったのです。「中部電力にとって芦浜原発とは?と、三重県津市に行ったとき、マスコミの人に聞かれて、『メンツを別にすれば、やめると言いたいでしょうね』と答えた」と、『エコノミスト』三月七日号に短い文章を書いています。それが「反原発派の妄想」でないことは、三月十七日付『電気新聞』の匿名コラム「観測点」が「電力会社の関係者が立地断念について内心では『ほっ』としているという現実」を述べて補強してくれました。

二〇〇一年五月二十七日には新潟県刈羽村で柏崎刈羽原発三号機でのプルサーマル計画をめぐる住民投票が実施され、有効投票の五三・六パーセント、全有権者に対しても四七・一パーセントが反対票を投じます。その年の十一月十八日に三重県の海山町で原発の誘致をめぐって行なわれた住民投票では、有効投票の六七・五パーセント、全有権者の五九・六パーセントが誘致反対でした。この住民投票は、反対派ではなく、推進派が仕掛けたことが特徴でした。それでも、十月二十三日に現地で講演会が開かれ、「原発はなぜ嫌われるか」と題して話をさせてもらった時には、七〇〇人収容の会場に一〇〇〇人がつめかけ、反対の手ごたえを感じました。

原発建設阻止状況

計画浮上時期	断念ないし未着工	建設中	運転中
1960年以前			東海
1961年～65年	芦浜	もんじゅ	敦賀、美浜、福島、川内、志賀、東通
1966年～70年	日高、浪江、小高、田万川、巻、古座、那智勝浦、浜益、久慈		高浜、玄海、浜岡、島根、伊方、大飯、女川、ふげん、泊、柏崎刈羽
1971年～75年	熊野、浜坂、田老、久美浜、珠洲		
1976年～80年	阿南、日置川、豊北、窪川、大成	大間	
1980年以降	上関、萩、青谷、串間、蒲江、海山、天草		

「推進派主導の住民投票にもかかわらず反対票が勝ったという事実は、もう国内で原発の新規建設が不可能という流れを決定づけるものだ」と十一月十九日付の『中日新聞』にコメントを寄せました。

それより前、一九九六年八月四日に新潟県の巻町で行なわれた住民投票では有効投票の六一・二パーセント、全有権者の五三・七パーセントが原発建設反対の結果でしたが、東北電力はすぐには計画を断念しませんでした。しかし二〇〇三年十二月二十四日、ついに白紙撤回を余儀なくされています。同月五日には石川県珠洲《すず》市に関西電力と中部電力がそれぞれ別の候補地を有し、北陸電力の協力のもとに計画されていた珠洲原発計画が三電力会社によって「凍結」されました。事実上の白紙撤回で、背景には前掲の『電気新聞』が言うように、電力需要の低迷があります。

二〇〇六年三月八日には、京丹後市長の要請に従う形で、関西電力が久美浜原発の計画を撤回しました（京丹後市は久美浜町など六町が合併して誕生）。一九七〇年代に入って現実に原発が動き出して以降に浮上した新設計画では一基も運転に入れていない、と私はことあるごとに強調してきました。それが、いよいよはっきりしたのです。

脱原発が政策として決定されるにはなお遠い状況であり、早い時期に建設されてしまったところで、増設には歯止めがきかなかったものの、多くの地点で原発の新設は食い止められてきました。その様子を前ページの表に示します。表の「断念ないし未着工」のうち、いまも計画として残っているのは上関のみ。それと「建設中」の大間、「もんじゅ」が残っています。上関と大間、「もんじゅ」の建設を、何としても止めたいと力を尽くしています。

ドイツでは二〇〇〇年六月十五日、政府と主要四電力会社が脱原発で合意。正式調印は〇一年六月十一日です。

一九基あった原発を三二年の寿命で順次廃止するという内容で、ただし、旧くて効率の悪い原発の許容発電量を効率の良い原発に移転できるなどとしました。効率というより、各地元の雇用状況の違いなどを考慮した、と私は見ていますが。

その後二基が廃止され、保守政権への交代もあって廃止時期の先延ばしが図られましたが、福島原発事故の直後に旧い八基を廃止、残る九基も二〇二二年までに廃止されることになりました。

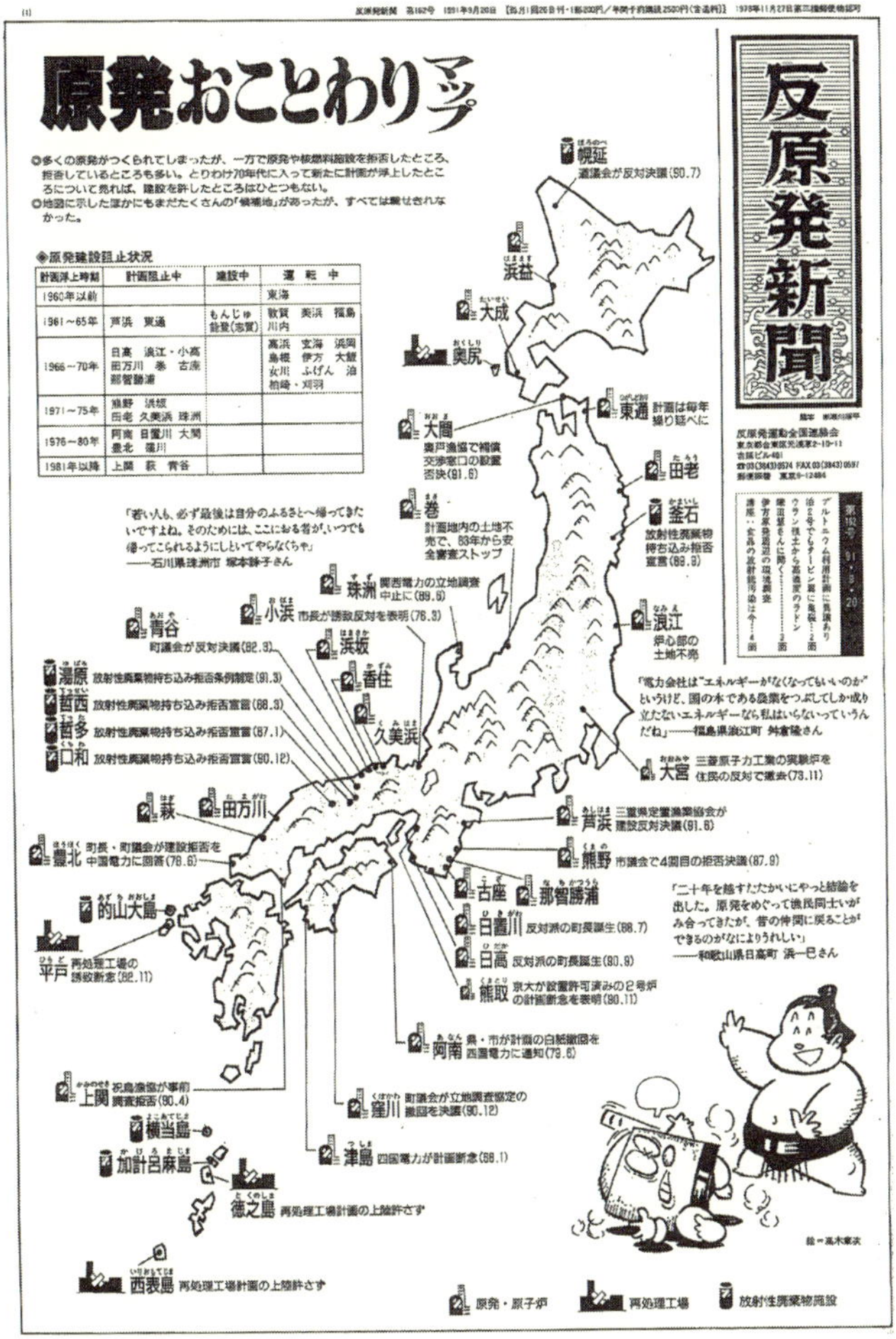

(1)　反原発新聞　第162号　1991年9月20日　【毎月1回20日刊・1部200円／年間予約購読2500円(含送料)】　1978年11月27日第三種郵便物認可

反原発新聞

反原発運動全国連絡会
東京都台東区元浅草2-10-11
吉田ビル401
☎03(3843)0574　FAX 03(3843)0597
郵便振替　東京9-12484

第162号　91・9・20
プルトニウム利用計画に異議あり…2面
泊2号でもタービン翼に亀裂…2面
ウラン残土から高濃度のラドン
栗田さんに聞く……3面
伊方原発周辺の環境調査
講座：食品の放射能汚染は今…4面

原発おことわりマップ

◎多くの原発がつくられてしまったが、一方で原発や核燃料施設を拒否したところ、拒否しているところも多い。とりわけ70年代に入って新たに計画が浮上したところについて見れば、建設を許したところはひとつもない。
◎地図に示したほかにもまだたくさんの「候補地」があったが、すべては載せきれなかった。

◈原発建設阻止状況

計画浮上時期	計画阻止中	建設中	運転中
1960年以前			東海
1961～65年	芦浜　東通	もんじゅ 能登(志賀)	敦賀　美浜　福島 川内
1966～70年	日高　浪江・小高 田万川　巻　古座 那智勝浦		高浜　玄海　浜岡 島根　伊方　大飯 女川　ふげん　泊 柏崎・刈羽
1971～75年	熊野　浜坂 田老　久美浜　珠洲		
1976～80年	阿南　日置川　大間 豊北　窪川		
1981年以降	上関　萩　青谷		

「若い人も、必ず最後は自分のふるさとへ帰ってきたいですよね。そのためには、ここにおる者が、いつでも帰ってこられるようにしといてやらなくちゃ」

――石川県珠洲市　塚本静子さん

「電力会社は"エネルギーがなくなってもいいのか"というけど、国の本である農業をつぶしてしか成り立たないエネルギーなら私はいらないっていうんだね」――福島県浪江町　舛倉隆さん

「二十年を越すたたかいにやっと結論を出した。原発をめぐって漁民同士いがみ合ってきたが、昔の仲間に戻ることができるのがなによりうれしい」

――和歌山県日高町　浜一巳さん

幌延《ほろのべ》　道議会が反対決議(90.7)
浜益《はまます》
大成《たいせい》
奥尻《おくしり》
東通《ひがしどおり》　計画は毎年繰り延べに
大間《おおま》　奥戸漁協で補償交渉窓口の設置否決(91.6)
田老《たろう》
釜石《かまいし》　放射性廃棄物持ち込み拒否宣言(89.9)
巻《まき》　計画地内の土地不売で、83年から安全審査ストップ
浪江《なみえ》　炉心部の土地不売
大宮《おおみや》　三菱原子力工業の実験炉を住民の反対で撤去(73.11)
珠洲《すず》　関西電力の立地調査中止に(89.6)
小浜《おばま》　市長が誘致反対を表明(76.3)
青谷《あおや》　町議会が反対決議(82.3)
浜坂《はまさか》
香住《かすみ》
久美浜《くみはま》
湯原《ゆばら》　放射性廃棄物持ち込み拒否条例制定(91.3)
哲西《てっせい》　放射性廃棄物持ち込み拒否宣言(88.3)
哲多《てった》　放射性廃棄物持ち込み拒否宣言(87.1)
口和《くちわ》　放射性廃棄物持ち込み拒否宣言(90.12)
萩《はぎ》
田万川《たまがわ》
豊北《ほうほく》　町長・町議会が建設拒否を中国電力に回答(78.6)
的山大島《あづちおおしま》
平戸《ひらど》　再処理工場の誘致断念(82.11)
芦浜《あしはま》　三重県定置漁業協会が建設反対決議(91.6)
熊野《くまの》　市議会で4回目の拒否決議(87.9)
古座《こざ》
那智勝浦《なちかつうら》
日置川《ひきがわ》　反対派の町長誕生(88.7)
日高《ひだか》　反対派の町長誕生(90.9)
熊取《くまとり》　京大が設置許可済みの2号炉の計画断念を表明(90.11)
阿南《あなん》　県・市が計画の白紙撤回を四国電力に通知(79.6)
上関《かみのせき》　祝島漁協が事前調査拒否(90.4)
窪川《くぼかわ》　町議会が立地調査協定の撤回を決議(90.12)
津島《つしま》　四国電力が計画断念(88.1)
横当島《よこあてじま》
加計呂麻島《かけろまじま》
徳之島《とくのしま》　再処理工場計画の上陸許さず
西表島《いりおもてじま》　再処理工場計画の上陸許さず

絵＝高木章次

原発・原子炉　再処理工場　放射性廃棄物施設

『反原発新聞』第 162 号（1991 年 9 月）

息が苦しい

二〇〇一年一月六日には中央省庁の再編があり、通商産業省は経済産業省に、科学技術庁は文部省と合併して文部科学省に変わりました。経済産業省の外局である資源エネルギー庁に原子力安全・保安院が置かれ、旧資源エネルギー庁と科学技術庁の規制部門がそこに移ります。原子力委員会と原子力安全委員会は内閣府に置かれる形となりました。

この年の九月十一日、アメリカでいわゆる「同時多発テロ」が起こります。航空機による攻撃の対象のひとつに原発があったとの情報もあり、原子力施設のテロ対策が強化されて、ますます人権抑圧の度合いが深まるきっかけとなりました。

原子力資料情報室では十月十五日、私が起草して次のような「テロ対策の名の下の情報秘密化・威圧的な原発警備に反対する声明」を発しました。

＊

十月八日、原子力安全委員会は、第六九回の委員会を「一般に非公開という形で」開催した。議題が「緊急テロ対策について」であるとの理由で、報道関係者の傍聴も阻まれた。「開かれた委員会」をうたい、情報公開をすすめてきたはずの同委員会が秘密会議に逆戻りせざるをえなかったことに、原子力の本質が如実に示されている。

米原子力規制委員会は、そのウェブサイトを閉じてしまった。今後、日本でも多くの重要な情報が非公開とされるかもしれない。外務省が米軍艦の入出港情報の公表を中止したことで「基地の街に不安の声」が広がっているように、人びとのいのち、健康、安全と直結する原発の情報が隠されようとしていることに、私たちは強い懸念を抱く。

たとえば原発に航空機が激突するような事態は「想定外」として、政府も電力会社も無視してきた。テロのこわさより飛来物に対する原発の脆弱性が問われるべきだが、テロ対策の名の下に、そうした原発の問題点に関する情報が秘匿されようとしている。もちろん、飛来物に対するものばかりでないことは、言をまたない。

もともと隠された部分の大きい原発の姿がますます見えなくなる一方で、私たちの側については、あらゆる情報が収集され、監視され、管理されようとしている。原発見学の希望者の事前チェックが、当日申し込みでなければ可能とする警察の自信に、その一端をうかがい知ることができよう。しかし、その管理の手の内がまた、秘密である。

ロベルト・ユンクが「原子力帝国」と呼び、鎌田慧が「ガラスの檻」と形容し、高木仁三郎が「プルトニウム社会」と名づけた核管理社会のいっそうの進展に、私たちは直面している。

そして原発現地では、物々しい警察・海上保安庁の警備態勢が住民を威圧している。自衛隊による原発警備を求める考えは、防衛族議員や自衛隊内に根強く残っている。そんなことをしても、テロと事故を問わず、原発の破壊を防げないのは自明であるのに。事態を悪化させる「テロ対策」ではなく、テロの原因となる社会的な不正義や環境破壊、差別と貧困をなくすことにこそ、力を尽くすべきだというのに。

ここに露呈しているものこそ原子力の正体であると、私たちは改めて指摘し、テロ対策の名の下の情報秘密化・威圧的な原発警備に反対を表明する。こうした息苦しさから脱するには、早急に原発を廃止する以外の道はない。

＊

原子力資料情報室では二〇〇一年十月十七日に公開研究会「想定外？　航空機激突と原発」を開き、記録を同題のパンフレットにまとめました。「核施設に対する航空機による攻撃の国際法上の位置付け」を河合弘之弁護士、「空から見た原発の脆弱性」を山口幸夫原子力資料情報室共同代表、「原発が招くテロ管理社会」を私が論じています。

ナイショナイショ

二〇〇一年から〇三年、〇八年から一一年と、明治学院大学で資源・エネルギー論の非常勤講師をつとめました。大学を卒業していなくても、著書が何冊かあると、大学の教員にはなれるのだそうです。資源・エネルギー論の前任者が露骨な原発推進だと教授会で問題になり、三年交代で推進論者と反対論者が受け持つことになったとか。反対論者として声がかかりましたが、学生にしてみるとどちらかの講義しか受けられないので、公平とは思えません。反対論を押しつけるのでない授業をしたつもりです。間に入った三年間の講師も、以前とは別の化石燃料の専門家で、原発推進論ではなかったと聞きました。一一年は、福島原発事故があって時間のやりくりがたいへんでしたが、この年で講座そのものが廃止されるということで、続けました。

授業のために原発以外のエネルギーについて広く資料を集めたのが、いろいろと役立っています。その一部は『エネルギーと環境の話をしよう』（七つ森書館、二〇〇八年）にまとめました。二〇一一年は時間のやりくりがたいへんだったと書きましたが、例年の通り青森「反核燃の日」行動や原水禁世界大会のほか、福島原発事故後の集会、その準備があり、前から入っていた予定に加えて講演や取材の依頼がどっと増え、もちろん『はんげんぱつ新聞』の定期発行をおろそかにはできません。そんな中、ありがたいことにジュンク堂池袋本店の大内達也さんが『エネルギーと環境の話をしよう』を気に入って、一一年六月十八日付『朝日新聞ｂｅ』の「再読　こんな時こんな本」で取り上げた上に、トークイベントを企画してくださいました。環境ジャーナリストの枝廣淳子さん、作家・活動家の雨宮処凛《かりん》さん、「ナマケモノ倶楽部」の辻信一さん、環境エネルギー政策研究所の飯田哲也《てつなり》さんと対談をさせていただいたのです。辻さんは、本名の大岩圭之助さんでは明治学院大学の教授で、学内でのシューマッハ研究会に招いて話をさせていただいたりもしていました。雨宮さんには、買っていただいたそれぞれの著書に並んでサインをしていた時、ページの隅に小さく楷書で名前を書いているのを横目で見て、思い切り笑われました。

二〇〇二年夏、一年前の刈羽村住民投票を忘れたかのように、再び柏崎刈羽原発三号機でのプルサーマル計画が蠢きだしました。ところが八月二十九日、東京電力の「原発トラブル隠し」が発覚し、一気に事前同意撤回へと急転回します。プルサーマルを始めたくない東京電力が意図的に漏らしたとのうわさもありましたが、さすがに裏は取れませんでした。

そんなとき、私は胆石で緊急入院し、手術を受ける羽目になります。病院の公衆電話でインタビューをして原稿をまとめたり、病院に近い弟の家のファックスを借りて家族に原稿や校正の配達をしてもらったりと大騒ぎでしたが、さまざまな方のご協力を得て『はんげんぱつ新聞』は何とか定期発行ができました。

見舞いにきてくれた大阪支局の末田一秀さんと病室で企画を立て、かなりの作業を末田さんにお願いして反原発運動全国連絡会編『原発事故隠しの本質』を十月に七つ森書館から緊急出版までしました。

トラブル隠し発覚のために、定期検査に入った東京電力の原発は運転再開ができず、二〇〇三年四月十五日、福島第一原発六号機が定期検査に入ると、福島第一、第二、柏崎刈羽の原発全一七基がすべて止まります。五月七日に柏崎刈羽六号機、六月六日に同七号機の運転再開が強行されますが、なお全国五二基中二九基が止まっている中で六月七日、東京の代々木公園で

「原発やめよう全国集会２００３」が開かれました。

明治学院大学の授業では毎回、感想や質問を書いてもらっていたのですが、こんなことを書いた学生もいました。「私の家ではいまだにエアコンがない。エアコンのある場所にいるとすぐ風邪をひいてしまうため、いらないという結論に達し、夏は汗だくになりながらもなんとか乗り切っている。網戸から入る夜風はなんとも心地よく、自然を体感している気分になるのだ。エアコンがないと馬鹿にされると思い、他人には極力言わないでいたが、今ではそのエアコンのなさを誇らしく思う」。

私もエアコンは苦手で、背広にネクタイをしていても電車の冷房で凍ったようになります。降りると解凍されるイメージで、だんだんホッとしてきます。健康的でないのでしょうが、エアコンなしでも炎天下でネクタイをして背広を着ていても、汗だくにはなりません。

またも閑話休題。この二〇〇三年という年には、一月二十七日、「もんじゅ」の原子炉設置許可は無効とする判決が名古屋高裁金沢支部で言い渡されました。〇六年三月二十四日には金沢地裁で、北陸電力志賀原発二号機の運転差し止め判決がありました。どちらも、残念ながら上告審、控訴審で逆転されてしまうのですが、国の意向に反する判決が出始めたことは、やはり原子力政策が見直しを迫られる時代の流れでしょうか。「もんじゅ」の高裁判決は、そうした中で、裁判官が原発の違法性を裁きやすいように、敗訴した伊方訴訟の最高裁判決を「最も頼りがいのある法律上の〝武器〟」に変え、「『もんじゅ安全審査』の調査審議の過程に看過しがたい重大な誤りがあったことを論証し尽くし」た住民側の勝利といえます（引用は、久米三四郎著『科学としての反原発』七つ森書館、二〇一〇年から）。

なお、最高裁で二〇〇五年五月三十日、「もんじゅ」訴訟に逆転判決が下るわけですが、『エコノミスト』同年六月十四日号は「裁判で勝利した経済産業省の受け止め方は複雑だ」と報じました。「旧通産省以来、同省の本音は核燃料サイクルの放棄だったとみていい。（中略）しかし一度決まった国策、しかもすでに『もんじゅ』は七〇〇〇億円を超える投資をしているだけにストップをかけることができなかった。今回の最高裁判決でさらに歯止めがかからなくなると予想される。省内には『反対と言っていた幹部はなぜ体を張らなかったのか』と歴代幹部を責める声が強い」。

変化の足音

原子力委員会のあり方にも、変化は忍び寄っていました。ほぼ五年ごとに見直しをしてきた「原子力長計（原子力の研究、開発及び利用に関する長期計画）」の改訂に当たって、二〇〇四年六月二十一日に原子力委員会の「新計画策定会議」が初会合を開くのですが、史上初めて、脱原発を標榜する原子力資料情報室から伴英幸共同代表が構成員のひとりに選ばれました。また、全原子力委員が構成員に加わり、議長を近藤駿介委員長が自らつとめるということで、委員会の関与を強めました。策定会議は〇五年十月十一日、長期計画に代えて「原子力政策大綱」を決定します。従来の「長期計画策定会議」の名称を避けていたことからも、近藤委員長の考えは当初からそうするつもりだったのでしょう。

伴共同代表と九州大学大学院の吉岡斉教授は、それぞれ大綱に批判的な少数意見を提出して構成員の役割を終えました。原子力資料情報室編『原子力市民年鑑２００６』（七つ森書館、二〇〇六年）に伴共同代表は「『原子力政策大綱』への少数意見」を書き、「策定会議で多くの意見を述べてきたが、まとまった大綱は、原子力発電の推進と核燃料サイクルの推進を掲げている点で、一九六五年以来の基本政策を踏襲するものだった」としています。私は同じ『原子力市民年鑑２００６』で「原子力政策大綱　もう一つの見方」を、あえて表明しました。

「原子力発電の推進」という点では、原水爆禁止日本国民会議編集・発行の『核も戦争もない二一世紀へ』（二〇〇六年）に書いたもののほうがわかりやすそうなので、そちらから引用します。

「日本で原子力開発がスタートして五〇年の二〇〇五年十月十一日、原子力政策の基本となる『原子力政策大綱』が原子力委員会により決定されました。そこでは、『二〇三〇年以後も総発電電力量の三〇～四〇パーセント程度という現在の水準か、それ以上の供給割合を原子力発電が担うことを目指すことが適切である』とされています。

というと相変わらずの原発推進のようですが、実は政策大綱は、日本の原子力史上で初めて、原発の基数が減少することを示したともいえます。大綱の添付資料にある『原子力発電　中長期の方向性』のグラフでは、原発の設備容量は、二〇三〇年度に五八〇〇万キロワットに達した後、二一〇〇年度までずっと変わりません。廃止される古い原発は出力が小さく、新たに動き出す原発はその二倍なり三倍なりの出力となりますから、設備容量が一定なら基数は減っているということです。

現に、二〇〇六年一月十日に総合資源エネルギー調査会電気事業分科会原子力部会の『電力自由化と原子力に関する小委員会』に資源エネルギー庁が提出した資料では、二〇三〇年以降の二〇年間で三七基が廃炉となるのを二〇基で置きかえると、はっきり基数の減少が示されています」。

原発の出力が右肩上がりで増えずに一定ということ自体、原子力史上で初めての見通しだったのです。

「原子力委員会はしっかりしろ」

「核燃料サイクルの推進」については、『都市問題』二〇〇九年十一月号に書いた「日本と世界の原発事情」から。

*

原子力委員会も、さまざまな抵抗を受けながらではあるが、徐々に変わろうとしている。同委員会が二〇〇三年五月二十日に開いた「核燃料サイクルのあり方を考える懇談会」で、近藤駿介東京大学教授（当時、現・原子力委員長）は、二〇〇〇年十一月に改定された「原子力の研究、開発及び利用に関する長期計画」（「長計」）の意義をこう解説した。

「我々は九五年［実際は九四年］の長計で即再処理というのを外して、今度の長計では中間貯蔵というものをきちんと位置づけた。従って、第二再処理工場については二〇一〇年ごろを目途に検討を開始するということで、その時点において［中略］中間貯蔵に軸足を移した仕組みにするのかについて検討することになる、そういうことを長計に書き込んだという理解をしている」。

即再処理とは、原発で発生した使用済み燃料をすぐに（とは言っても、原発内のプールで数年間冷やしてからだが）再処理することをいう。そこに、発電所の外の中間貯蔵施設で三〇～五〇年間貯蔵しておくという別な道が開かれた。第二再処理工場とは、六ヶ所再処理工場につづくもので、九四年の長計では「二〇一〇年ろに再処理能力、利用技術などについて方針を決定する」とされていた。さらにひとつ前の八七年の長計では「二〇一〇年ごろの運転開始」だった。

二〇〇〇年の次の長計の改定は〇五年で、近藤原子力委員長は長期計画という名前も「原子力政策大綱」に改め、さらに一歩を進めた。

「第二再処理工場」の語を明らかに避けて、「中間貯蔵された使用済み燃料及びプルサーマルに伴って発生する軽水炉使用済みＭＯＸ燃料の処理の方策は［中略］二〇一〇年ごろから検討を開始する」としたのである。

加えて、それまで決して用いられることのなかった「使用済燃料の直接処分」という言葉を持ち込んだ。再処理をせずにそのまま放射性廃棄物として処分することである。この「技術に関する調査研究を、適宜に進めることが期待される」と明記した。

「再処理路線を堅持」と報じられた政策大綱の記述は、正確に引用すると以下の通りである。「我が国においては、核燃料資源を合理的に達成できる限りにおいて有効に利用することを目指して、安全性、核不拡散性、環境適合性を確保するとともに、経済性にも留意しつつ、使用済核燃料を再処理し、回収されるプルトニウム、ウラン等を有効利用することを基本的方針とする」。

これらの留保条件が満たされてはじめて、再処理路線は肯定されることとなる。言い換えれば条件に合わないことがはっきりすれば、この基本方針に従って再処理路線は終焉を迎えることとなる。すでに政策大綱の議論のなかで、経済性については直接処分のほうが有利であると結論づけられた。六ヶ所再処理工場はすでに建設を終えているので、放棄するのは得策でないと結論を逆転させたにすぎない。

＊

その六ヶ所再処理工場は、二〇〇四年十二月二十一日にウラン溶液や模擬のウラン燃料による「ウラン試験」、〇六年三月三十一日に実際の使用済み燃料を使った「アクティブ試験」に入りました。ウラン試験を始めて工場が汚れる前に何とか止めたいと〇三年十月十一日、原子力資料情報室は原水爆禁止日本国民会議とともに「再処理と核燃料サイクルを考える」公開討論を青森市で、原子力委員会と共催しました。原子力委員会側は遠藤哲也委員長代理、木元教《のり》子《こ》委員、竹内哲夫委員、森嶌昭夫委員と近藤駿介参与、対する市民側は浅石紘爾《こうじ》・反核燃一万人訴訟弁護団長、小木曾美和子・原子力発電に反対する福井県民会議事務局長、長谷川公一・東北大学大学院教授と私です。原子力委員会側は歯切れが悪く、聴衆からの質問用紙の一枚に「原子力委員はもっと自信を持って答えなくては、原燃関係者も元気が出ません。しっかりしろ」とありました。

一九兆円の請求書

私はまた、〇四年五月三十日、日本弁護士連合会、東北弁護士連合会、青森弁護士会が青森市で開催したシンポジウム「徹底討論　六ヶ所再処理工場を、今稼働させるべきか」にもパネリストのひとりとして参加しました。特別講演は米メリーランド大学のスティーブ・フェッター教授。その後に行なわれたパネル討論の他のパネリストは、東京大学の山地憲治教授と日弁連公害対策・環境保全委員会の海渡雄一弁護士です。「徹底討論」の名に反して大きな意見対立はなく、電力中央研究所出身の山地教授も「プルトニウムの経済的価値はマイナスで、再処理は資源回収として採算が合わない」とし、「ウラン試験に入る前に本音で議論をして、再処理から中間貯蔵へ核燃料サイクル路線を転換すべき」との考えでした。

実はこのころ、経済産業省や電力業界も六ヶ所再処理工場の建設にストップをかけようと動いていました。二〇一二三年二月二日から八日にかけて『毎日新聞』に連載された「虚構の環　第一部　再処理撤退阻む壁」が、以前から業界紙誌などで小出しにされていた二〇〇二～〇三年当時のやりとりをやや詳しく報じています。

まず口火を切ったのは経済産業省の村田成二事務次官で、「電力のほうから撤退を言ってほしい」と提案したといいます。電力側は「国から言うべき」と席を蹴ったものの、高コストを理由に撤退したいとの思惑では一致していたので協議がつづいたとか。しかし、けっきょく「『ばば抜き』の構図からなかなか抜け出せなかった」というのです。業を煮やした若手の官僚たちは「一九兆円の請求書」と題したペーパーをつくって国会議員らに訴えます。『週刊朝日』二〇〇四年五月二十一日号で「『上質な怪文書』が訴える『核燃料サイクル阻止』」と紹介されて話題になりましたが、国会を動かすことはできませんでした。

『毎日新聞』の記事にある「自民党商工族で大臣経験もある重鎮」の協力拒否理由が興味深いものです。「君らの主張は分かる。でもね。サイクルは神話なんだ。神話がなくなると、核のごみの問題が噴き出し、原発そのものが動かなくなる。六ヶ所は確かになかなか動かないだろう。

でもずっと試験中でいいんだ。『あそこが壊れた、そこが壊れた、今直しています』でいい。これはモラトリアムなんだ」。

『AERA』の大鹿靖明記者は、その著『メルトダウン』（講談社、二〇一二年）で、「後ろ盾だった次官の村田は、経産相の中川昭一を遂に説得しきれなかった」とまとめています。

「転換」にはなお道遠しでしょうか。二〇〇〇年十二月一日には、与党三党提案の「原発立地地域振興特別措置法」が成立しています。業界紙の匿名コラムも「地元自治体が、地域経済浮上のための起死回生の策として、国による手厚い地域振興事業費を前提とする原子力発電所増設の容認に傾いたとしても、十分理解できるものであろう。しかし、電力業界の自由化とそれに伴う電力コストの削減への圧力の下で、いつまでこのようなやり方が通用するのか、あるいは、国民の原子力発電所新設に対する意志が不明確な下で、このような破格な国の税金の投資が容認され得るのか、今こそきちんとした議論が求められる」（二〇〇〇年七月二十四日付『電気新聞』）と疑問を呈していたのですが、地元自治体の首長や、おこぼれにありつこうとする一部の学者、政治家にとっては「このようなやり方」が、やはり魅力的であるようです。

原子力資料情報室では法案を廃案にするため、議員会館内での集会などに積極的に参加し発言してきました。しかし、力及びませんでした。

なお私が二〇〇一年二月十六日、青森地裁で開かれた六ヶ所ウラン濃縮事業の許可無効確認・取り消し請求事件で行なった証言も、電気事業の自由化の進展の下でますますウラン濃縮施設の経理的基礎が脅かされ、コスト削減の圧力が強まり、労働者の仕事への誇りと夢を奪い、事故の危険性を増大させるというものでした。残念ながら翌〇二年三月十五日の判決では無視されました。

ＩＴＥＲって何？

二〇〇〇年代後半にも、いくつかの大きな動きがありました。まずは、予測どおりの結果から。〇五年六月二十八日、ＩＴＥＲ《イーター》の建設地がフランスのカダラッシュに決まりました。ＩＴＥＲとは国際熱核融合実験炉の英語の略称で、一九八五年十一月二十日にアメリカのレーガン大統領と当時のソビエト連邦のゴルバチョフ大統領が首脳会談を行なった際、核融合研究開発の推進に関する共同声明を出したのが出発点です。当時のＥＣと日本が加わり四極協力で実施することになったのですが、途中でアメリカが抜けたり戻ったり、カナダが加わったり離脱したり、中国、韓国、インドが参加したりとめまぐるしく極数が変わりました。現在は、ＥＵ、日本、アメリカ、ロシア、中国、韓国、インドの七極が、建設段階では資金の四五・四六パーセントをＥＵ、残りを六極が九・〇九パーセントずつ負担しています。

カダラッシュに決まる前には、日本国内でも北海道苫小牧市、青森県六ヶ所村、茨城県那珂町（現・那珂市）と三つの候補地があり、二〇〇二年五月二十九日に六ヶ所村に一本化される前

2001 年 1 月 20 日「ストップ ITER！苫小牧集会の楽屋。向かって左から小野有五さん、立松和平さん、筆者

には三候補地すべてで何度か、核融合の危険性を訴える講演をしました。当時の藤家洋一原子力委員長が名古屋大学プラズマ研究所教授だったときに「核分裂発電所と核融合発電所を同じ条件のサイトに建設したとすると、どちらが安全かと聞かれると答えに窮する。〝良く分りません〟と答えるしかない。全然分らないかと聞かれたら〝事故時については核融合炉の方が楽かな、通常時については核分裂炉の方が楽かな〟と小声で答えることになるだろう」と一九八〇年八月七日に右研究所で開かれたシンポジウム「核融合炉設計と評価に関する研究」の報告集に書かれていたことを、大いに活用させていただきました。

二〇〇一年一月二十日には「ストップＩＴＥＲ！苫小牧集会」で立松和平さん、小野有五北海道大学大学院教授とパネルディスカッションを行なったりもしました。立松さんとはだいぶ以前に一度、対談をというお話があって流れていて、このときが初対面となりました。一〇年二月八日、訃報に接しました。

六ヶ所村が候補地となったときから結果は予想されていたことについて、『はんげんぱつ新聞』二〇〇五年七月号のコラム「風車」に書いています。

「ＩＴＥＲ（国際熱核融合実験炉）の建設地が、フランスのカダラッシュに決まった。〇二年五月に六ヶ所村への誘致を閣議決定してから三年もかかっての決着だ。そもそも六ヶ所村を候補地と決めたときに『日本は誘致を断念した』と言われた。六ヶ所再処理工場の建設を進めるため、ＩＴＥＲ誘致は事実上捨てて青森県の顔を立てたという。お蔭で青森県民は、七億円近い誘致費用を負担させられた。結論は決まっているのに頑張るフリをしたことで交渉は長引き、外交費用も多額にのぼった

六ヶ所村を候補地としたのは、高速増殖炉のためという見方もあった。ＩＴＥＲを国内に誘致されたら、他の原子力関係予算は大幅に圧縮される。候補地は『負けるところがよい』というわけだ。高速増殖炉推進派のホッとした顔が目に浮かぶ。

とはいえ、誘致を回避したにせよ、今後三〇年の負担は一〇〇〇億円を超える。さらに膨む可能性も小さくない。おまけに、誘致を断念した見返りに、日本がつくりたい関連施設の費用の半額（四六〇億円以内）をＥＵが負担する。何のことはない、当初計画になかった余分な施

設までつくられて、日本の負担額は、けっきょく現時点でのＩＴＥＲ国内誘致費用と大差なくなるだろう。関係者の失業対策費としては、いささかならず巨額に過ぎないか」。

笑っちゃいます

結末はやはり予想通りながら、より大きな動きとしては高レベル放射性廃棄物の処分場候補地をめぐる高知県東洋町の応募事件があります。それまでも各地でＮＵＭＯ（原子力発電環境整備機構）の自治体向け説明がこっそり行なわれたり、首長が応募の意向を表明したり、誘致の請願が議会に出されたりしてはいました。そのたびに反対運動がすぐさま起きて、つぶれることが繰り返されていたのです。東洋町でも、二〇〇六年八月に町長がＮＵＭＯを招き、職員や町議を対象に勉強会を開いていたことが九月十日の『高知新聞』に報じられると、周辺自治体の長らが直ちに反対を表明、高知県知事も九月十四日、「札びらでほっぺたを叩いて進めていく原子力政策はやめるべきだ」と批判しました。それでも町長は、九月二十八日にＮＵＭＯを招いて商工会や農協などの代表への説明会、十二月二十二日には町職員・町議を対象に資源エネルギー庁とＮＵＭＯの説明と、ごり押しをします。

私は十一月十九日、地元のプロサーファー、谷口絵里奈さんら若い町民が中心になって結成した「東洋町を考える会」主催の勉強会「みんなで考えよう高レベル放射性廃棄物」で、地層処分の問題点と、町長ひとりの判断で応募ができてしまう公募制度の欠陥を説明し、地理的にもより広い範囲での議論の必要性を訴えました。

このときの私の問題提起に対し、名指しこそしていないものの、「『ガラス固化体一本で、ヒロシマ原爆の約三〇発分に相当』という説明が使われたようであるが、これは技術的根拠がない」と批判がありました。和田隆太郎・田中知《さとる》・長崎晋也「高レベル放射性廃棄物処分場の立地確保に向けた社会受容プロセスモデル」(『日本原子力学会和文論文誌』二〇〇九年一月号)です。私が実際にどう話したかは、記憶にありません。「ガラス固化体一本で、広島原爆の約三〇発分」といった言い方は好みでなく、あまり使わないのです。それはともかく、批判にはほとほとあきれかえりました。「原子爆弾には核燃料物質(ウラン・プルトニウム)が必要であり、他の放射性核種は必要ない。核燃料物質を製品として抽出する再処理工場の残滓であるＨＬＷガラス固化体一本に原爆の三〇倍もの核燃料物質が残る道理はない」とのご批判です。

原爆といえば破壊力しか考えられず、放射能の被害には思い至らないのでしょうか。「広島原爆の約三〇発分」とは、核燃料物質の量の比較であるはずもなく、原爆が爆発して生まれる放射能の量との比較に決まっています(この比較は簡単ではないので、もしも三〇倍といったなら、そうした説明も加えていたでしょう)。東京大学の〝専門家〟が三人もそろっていて、誰一人そんなこともわからずに「社会的受容」だなんて、笑っちゃいますね。

さて二〇〇七年一月十五日、東洋町では町民の三分の二が署名した反対請願が議会に提出され、同時に、とんでもないことが暴露されます。〇六年三月二十日に、町長はこっそりと応募をしていたというのです。応募はしたものの、ＮＵＭＯから「本当によいのか」と念押しをされて撤回していました。そのことを暴露された町長は、反省どころか、逆に居直る形で一月十五日、またも独断で応募をしてしまうのです。

二月六日には高知県と徳島県の知事がＮＵＭＯに調査反対を申し入れ、同月九日、東洋町議会は反対請願を採択、町長の辞職勧告を決議しました。十五日には徳島県議会、二十二日には高知県議会が、ともに全会一致で反対決議。二十七日には「東洋町の自然を愛する会」主催で小出裕章・京大原子炉実験所助教対佐藤正知・北海道大学教授の講演と討論会が開かれ、反対運動は大きく盛り上がって三月十五日には町長リコールの会が発足します。リコール必至と見た町長は四月五日に突然辞職、出直し町長選に出馬するものの、二十二日の選挙では反対派の沢山保太郎さんが圧勝。翌二十三日、新町長が応募を取り下げて二十五日、ＮＵＭＯも調査中止を決定しました。五月二十日の臨時町議会で放射性廃棄物持ち込み拒否条例案が可決されて事件は幕を引きました。

すててはいけない

その東洋町事件の最中の二〇〇七年二月十七日～十八日、岡山市で「岡山で話そうや！原発のゴミ・全国交流集会」が開かれています。岡山県では県と二七市町村の自治体に処分場拒否を表明させていますが、その経験を全国に伝えることと、全国各地の運動の交流が目的でした。私は基調提案を行ない、全国のどの自治体も応募しないという形で「一回ひっくり返して、ある意味で関心が高まったところで、そもそも根本に返って、今の高レベル廃棄物の処分を変えていく。原子力発電は続けていいのかから考えたい。大きな議論をしていきたい」と訴えました。

二〇一二年九月十一日に日本学術会議は、二年前の一〇年九月に原子力委員会から審議依頼された「高レベル放射性廃棄物処分について」の検討委員会報告書をまとめ、原子力委員会に回答しました。政策の抜本的見直しを提言するものです。具体的には、「暫定保管および総量管理を柱とした政策枠組みの再構築」が提言されています。先に一五八ページで述べた考えと共通するところが少なくないと意を強くしました。

二〇一一年四月にはデンマークのマイケル・マドセン監督が前年に制作した映画『一〇〇、〇〇〇年後の安全』が日本で緊急上映されることになり、その映画の書籍化（かんき出版より同題で二〇一一年刊）に際して原子力資料情報室のスタッフ、澤井正子さんとともに解説を担当しました。来日した監督と十二月二十一日に対談を行なっています。

映画は、フィンランドで建設中の地下研究施設（処分が可能となれば一部施設を処分用にも流用）をテーマにしたドキュメンタリーで、一〇万年後に処分場と知らない人が掘り返したりする危険性が取り上げられています。解説で私は、日本でも原子力環境整備・資金管理センターが

「地層処分にかかわる記録保存」を大真面目に研究し、炭化珪素の板にレーザーでメッセージを刻み込む実験もしていることを紹介しました。

しかし、実はいきなり一〇万年後を考えるのではなく、管理を代々引き継いでいけばよいのです。地下に埋めてしまって後は知らないという考え方にこそ無理があると思います。そんな私の見かたが不快だったのか、対談後に監督は挨拶もせずに帰ってしまいました。

揺れる大地

二〇〇七年三月三十日には、電力会社の不正総点検の結果が経済産業大臣に報告され、北陸電力志賀原発一号機、東京電力福島第一原発三号機で臨界事故隠しが行なわれていたことなどが明るみに出ます。五月十九日、原子力資料情報室と『はんげんぱつ新聞』の事務所が、現在の新宿区住吉町に引越しをします。ＮＰＯを応援したいという考えの大家さんで、家賃が安くなったのです。

七月十六日、新潟県中越沖地震が柏崎刈羽原発を襲います。同原発の七基の原子炉のうち一、五、六号機の三基は定期検査のため、運転を停止していました。三、四、七号機が運転中、二号機は定期検査の終了に向けて運転を再開しようと原子炉を起動させたところで地震が起き、四基は緊急に停止しました。

これまで電力会社は、地震があってもなかなか原発を止めようとしませんでした。「異常なく動いている」のが安全の証拠であるかのごとく説明してきたのですが、このときは「停止した」のが安全の証拠のように発表しています。実際には設計時の想定の何倍もの揺れに襲われ、緊急停止したのです。そして、地震によって変圧器の火災、放射能汚染水漏れ、放射能の海や大気への放出、機器の損傷などが同時多発的に起きました。職員は発電所内の随所で発生したトラブルの対応に忙殺され、混乱し、火災の消火もままなりませんでした。

消防署への直通電話のある部屋の扉がゆがんで中に入れず、使えませんでした。敷地内の道路は陥没したり段差ができたりで通行を妨げました。環境の放射線レベルを住民に知らせるシステムも、地震の影響でデータが送れなくなりました。中規模の地震であり原発からはなお距離があったため、幸いにも放射能災害には至りませんでした。とはいえ、そんな地震ですら、原子炉設置許可時の安全審査で想定された「およそ現実的でないと考えられる限界的な地震による地震動」（資源エネルギー庁編、原子力安全技術機構発行『原子力発電所の耐震安全性』）を軽々と超えてしまったのです。

まさに「ミニ原発震災」が起こったのだと言えます。混乱の様子からは、本格的な原発震災ともなればとうてい対処しえないことが如実に示されました。そのことを教訓化しなかったために、二〇一一年三月の福島原発事故を防げなかったと言うこともできるでしょう。

地震の危険性が最も高いとされる中部電力浜岡原発の差し止め訴訟で二〇〇七年十月二十六

日、静岡地裁が請求棄却のびっくり判決を出しました。びっくりというのは、電力側こそ敗訴と思っていたからです。他ならぬ『電気新聞』から引用します。判決前には「運命の刻まで二週間。三権分立とはいえ国家の政策に楯突くは如何。常識と良識の裁きを念じ」（十月十二日付「デスク手帳」）と、敗訴を予想して先取り的に裁判所を批判していました。そして判決。「『予想外の勝訴だ』。浜岡訴訟を巡る想定問答集を作っていたエネ庁関係者は驚きを隠さない。一部関係者によれば、判決の直前までエネ庁内は中部電力不利の見方も少なくなかった」（十月二十九日付）。敗訴の言いわけをひねり出した想定問答集は、日の目を見ることなく廃棄されたようです。

それから一年二ヵ月後の〇八年十二月二十二日、中部電力は浜岡原発一、二号機の廃炉を決定します。代わりに六号機を建設するとしたのですが、それは一、二号機の廃炉のための方便でしょう。

プルトニウムのごみ焼却します

さて二〇〇七年十一月五日、六ヶ所再処理工場で高レベル放射性廃液のガラス固化試験が始まりました。以後トラブル続きで五年後の一二年末に至ってなお試験に合格していないのですが〇七年二月一日、この時は「七月から開始」と日本原燃が明らかにしました（それが十一月になったのは、開始前からトラブっていたということです）。二月二日付『東奥日報』で、私は「ここを失敗すると工場は動けなくなる」とコメントしました。予言が当たったと誇りたいのではありません。同じ記事で当の日本原燃の青柳春樹再処理工場技術部長こそが「廃液ガラスが機器に詰まるトラブルなどが起きる可能性がある」としっかり予言していたのです。「トラブルが起きた機器を回復させる操作の経験も、十分に積んで運転員の技能を向上させたい」と。

二〇〇八年に飛んで十一月五日、九州電力玄海原発三号機でプルサーマルが開始されました。一〇年三月一日には四国電力伊方原発三号機、九月十七日には東京電力福島第一原発三号機、十二月二十二日には関西電力高浜原発三号機で、プルサーマルが始まりました。すべて三号機なのが妙ですが、一、二号機は老朽化していて事故が怖い、新しい号機は事故を起こして使えなくなったらもったいないということなのでしょうか。

一方、プルサーマルの全体的な目標は同年六月、一〇年度までに一六～一八基とされていたのが、一五年度までと先送りされました。スタートしさえすれば、「日本は余剰プルトニウムを保有する意志はなく、プルサーマルによって確実に使用する考えである」とのメッセージを国際社会に発信できるということのようです。

ともあれプルサーマルが、とうとう始まってしまいました。しかしそれは、核燃料サイクル政策の前進ではなく、むしろ後退の象徴です。ほんらい核燃料サイクルは高速増殖炉サイクルであり、プルトニウムを増殖することで半永久的なエネルギー供給を保証しようというものだったのです。

その高速増殖炉「もんじゅ」は二〇一〇年五月六日、一四年半ぶりに運転を再開します。しかし、それも束の間、機器高温などの警報が数百回、油漏れ・水漏れが続いたあげくの八月二十六日、燃料交換の際に一時的に据え付ける三・三トンの炉内中継装置が原子炉容器内に落下し、かろうじて容器の上蓋にひっかかる事故が発生しました。上蓋と一体で回収することとなり、回収用機器の設計・製造など十数億円をかけて一一年六月二十三日～二十四日にやっと回収します。

いずれにせよ「もんじゅ」が高速増殖炉（ＦＢＲ）の実用化につながる可能性はゼロと見てよいでしょう。そもそも「もんじゅ」の設計は時代遅れで役に立ちませんし、高速増殖炉の実用化も望みなしです。二〇〇九年十二月十五日付『電気新聞』で、松浦祥次郎前原子力安全委員長は次のように書いていました。「現時点で、予断を持たず冷徹に観れば、ＦＢＲの将来展望は未だかなり不確定である。楽観的に観ても、安全性、信頼性、経済性、資源安定性、技術成熟度、核拡散防止、核テロ防止、高レベル放射性廃棄物処分負担軽減、社会的受容性等の視点でＦＢＲが現行軽水炉や改良軽水炉に競争可能なレベルに至るには相当の期間が必要であると考えざるを得ない」。

推進の立場に立ってみても実用化のハードルはきわめて高いということです。というよりやはり不可能なのです。

3　未来に受け継ぐもの――東京電力福島原発事故（二〇一一～二〇一三年）

終わりが見えない、始まりも今も見えない

二〇一一年三月十一日、三陸沖を震源とする東北地方太平洋沖地震が発生しました。大津波を伴ったこの地震により、東北から関東にかけての太平洋岸は甚大な被害に見舞われました。東北電力の東通原発（青森県）の一基、女川原発（宮城県）の三基、東京電力の福島第一原発の六基、福島第二原発の四基、日本原子力発電の東海第二原発（茨城県）の一基はすべて運転を停止しました。そのうち東通原発一基と福島第一原発六基中の三基は定期検査のため地震の前から止まっていたので、地震で止まったのは一一基です。

他の原発でも、外部電源喪失で電力供給に支障を生じ、原子炉の冷却は綱渡りとなりました

が、何とか安定化させることができました。とりわけ深刻な事故となったのは、福島第一原発です。

福島第一原発事故は、多くの人が起こりうるとしてさまざまに「予言」してきた事故です。地震や津波の規模も、全電源喪失も、「想定外」では、まったくありませんでした。想定は、意図的に隠蔽ないし無視されてきたのです。

地震や津波によって原発の大事故が起こると「予言」していたにもかかわらず防げなかったことは、いくら悔やんでも悔やみきれません。集中立地のために複数基で事故が起こることや、使用済み燃料プールで事故が深刻化することなどなど、すべての「予言」がほぼ現実のものとなった結果、個々の「予言」を超えた事態が出現しました。かつて人類が経験したことのない事故です。想定すべきことをしなかったために、結果として「想定外」にしてしまったのです。

何よりもの「想定外」は、事故の終わりが見えないことです。二七年余り前に起きたチェルノブイリ原発事故では、いまなお老朽化した「石棺」から放射能（放射性物質）の漏出が続いています。事故により放出された放射能によって被曝した人々の健康被害は、むしろこれからより深刻化するかもしれません。その意味でチェルノブイリ原発事故は、いまも終わっていないと言えますが、福島第一原発では事故そのものが終わっていないのです。

どうなったら「終わり」と言えるのかすら、わかりません。二〇一一年十二月十六日に当時の野田佳彦首相が行なった「収束宣言」には、原発推進派の学者や電力業界紙からさえ批判や疑問が噴出しました。

原子炉には「注水冷却」が行なわれています。地震のために電源が失われたことで炉心の「循環冷却」ができなくなり、消火用注水ラインから注水して燃料を冷やすしかなくなりました。当初は注水すればするだけ、放射能で汚れた「たまり水」となって増え続けていました。一部は海へと流れ込みました。そこで、「たまり水」を注水に使うことで、増えないようにと考えだされたのが「循環注水冷却システム」です。しかし、「たまり水」の放射能をある程度除去しながら注水・回収・再注水させているのであって、炉心の水位が回復できるわけではありません。実際には地下水が流れ込み、「たまり水」もどんどん増えつづけています。せっせとタンクに溜め込んでいますが、タンクからも大量の漏れが見つかりました。海にまで流れ込んでいます。「たまり水」として回収されず、放射能に汚染されたまま海に流出している地下水もあります。

「終わり」が見えないのは、「今」が見えないからです。一～三号機でメルトダウンした燃料が、どこに、どれくらい、どんな形状であるのかが、からきしわかっていないのです。再度のメルトダウン、水素爆発、再臨界や水蒸気爆発の危険も、消え去ったわけではありません。

余震や誘発地震が、続いています。本震でどこが傷ついたかの調査も、できていません。「始まり」も「経過」も見えていません。

重たい使用済み燃料プールは、特に地震に弱いものです。水素爆発で傷ついていてもいるでしょう。塩分除去が行なわれているとはいえ、海水を注入したことに伴う機器の腐食も考えざるをえません。大量の放射能放出が再び起きないという保証はないのです。

福島第一原発事故は、他にもいくつもの点で世界のどこでも前代未聞の事故となりました。設計時の想定を超えるシビアアクシデント（過酷事故）としては、スリーマイル島原発事故、チェルノブイリ原発事故に次ぐ三例目ですが、前二例では単独の号機の事故でした。ところが福島第一原発では一～四号機で並行して、かつ号機ごとに異なった問題を抱え、さらに相互に影響しあって対応を遅らせる事故となっています。複数号機の事故のため、情報は錯綜し混乱しました。

五、六号機も決して安泰ではありませんでしたが、十日ほどで落ち着きました（十日もかかりました）。格納容器の破損を防ぐための蒸気放出（ベント）が準備され、水素爆発防止のために、建屋の天井に穴を開けたりしています。

一～三号機ではメルトダウンが起き、一、三、四号機は水素爆発で建屋上部が吹き飛びました（定期検査のため燃料が抜かれていた四号機には三号機で発生した水素が回り込んだとされます）。二号機では格納容器底部の圧力抑制室付近で、地震による損傷に水蒸気の圧力が加わったことによる機器の破壊か、水素爆発か、別の何かか、特定できずにいる何らかの原因で大量の放射能を放出させました。一号機、三号機で実施されたベントによっても、大量の放射能が放出されました。

「想定外」オン・パレード

事故後の廃炉も、きわめて深刻な、世界で未経験のものとなるでしょう。政府と東京電力は、二〇二〇年度以降に溶融燃料を取り出し、四〇～五〇年ころの廃炉終了をめざすとしています。一三年八月八日に設立総会を開いた国際廃炉研究開発機構の山名元《はじむ》理事長は、就任会見で「廃炉は可能」と述べました。九月五日付の電気新聞でその真意を「炉内の状況が全く分かっていない」ので「早い段階で把握することが大切。それから最良の作戦を立てて溶融燃料の取り出し計画を立てないといけない。そこまで到達できて、初めて廃炉にできる」と説明しています。そこまで到達できるかが問題です。

廃炉については、安全が確認できれば、溶融燃料を取り出さずに金属で固めこんでしまうのがよい、との考えもあります。政府と東京電力のロードマップでは、使用済み燃料プール内の燃料と原子炉建屋内の溶融燃料を取り出し、建屋地下の滞留水処理が終われば一～四号機の廃止措置＝解体撤去ができるとしているのですが、跡地利用が見込めない以上、その必要はありません。福島県民にはつらいことですが、放射能の飛散を防ぐ措置をして、解体せずに残すほうが、被曝労働を減らす意味で望ましいのではないでしょうか。

さらに「想定外」は、核物質管理上の問題でもあります。溶融燃料をすべて回収し、放射性核種を計測して、もともと炉内にあったものと同一であり、一部たりとも不法移転されていないことを証明する必要があるはずですが、とうてい無理でしょう。

福島第一原発事故はまた、原発災害と地震災害が複合して被害を拡大した世界初の「原発震災」です。前述のように、二〇〇七年七月十六日の新潟県中越沖地震に襲われた柏崎刈羽原発でも片鱗をのぞかせましたが、その教訓を生かせないまま、本格的な「原発震災」を迎えました。

地震と津波が事故を引き起こし、拡大し、収拾を妨害しました。他方、放射能が放出されたことで地震・津波の被災者の救援、行方不明者の捜索、ライフラインの復旧、震災廃棄物の処理などなどを妨げています。

世界初の自然災害による原発の大事故、と言い換えてもよいでしょう。その意味では、汚染水問題も地下水という自然の力がもたらしたものです。そして、いわゆる「テロリスト」の目には、自然災害を人為的なものに置き換えれば低コストで原発の破壊ができることを焼き付けました。事故の一報が入るや否や、アメリカでは全原発に核セキュリティ対策のチェックが指示されたといいます。

海への大量の放射能放出も、やはり世界初です。福島第一原発事故で放出された放射能の半分以上は、海に向かいました。おまけに汚染水の流入がつづいています。これからどう影響が広がるか、予断を許しません。

やや異質な事柄ながら、電力会社社員の大量被曝も「想定外」と言えるでしょう。二〇一一年三月十五日に厚生労働省は緊急作業時の被曝限度を一〇〇ミリシーベルトから二五〇ミリシーベルトに引き上げました（十一月一日、元に戻す省令施行）。その二五〇ミリシーベルトを超えた六人は、すべて東京電力の社員です。二〇一三年七月末現在、六人以外に一〇〇ミリシーベルトを超えたのは一六七人とされ、うち一四三人までもが東京電力の社員です。最大の被曝者は六七九ミリシーベルトで、うち内部被曝が五九〇ミリシーベルトと評価されています。

原発労働では、ほんらい内部被曝はしないはずです。飲食をしないから、必要な装備で放射能の吸入を防げれば、内部被曝をするはずはないのです。にもかかわらず大量の内部被曝をしたのは、放射能に対する認識不足以外の何ものでもありません。逃げ出すこともできずに働いて被曝をしたのも確かですが、ふだんは被曝をしない中央制御室で働いていた東京電力の社員だからこそ、避けられたはずの内部被曝をしてしまったのではないでしょうか。

二〇一一年三月には東京電力社員の被曝が総被曝線量で一・六倍、一人当たりの平均で二・〇倍と協力会社（下請け会社）社員を上回っていましたが、四月にはもう逆転し、協力会社のほうが総被曝線量で六・三倍、一人当たりの平均で一・三倍となりました。一一年三月というのがいかに異常だったかがわかるでしょう。

しかも、東京電力が発表している数値自体、さまざまな「被曝隠し」が行なわれていること、国会の福島事故調査委員会によるアンケート調査でも「複数人で一つの線量計を持たされたことがある」「線量計がまったく配布されなかったことがある」と答えている労働者がかなりの数にのぼることなどから、大いに疑わしいのですが。

法律の「想定外」の事態も、数多く露呈しました。原発から半径八～一〇キロメートルとされていた防災対策の重点地域ではとうてい対応できず、避難を求められる地域は六〇キロメートルの先に及びました。避難の遅れは、住民に避けられたはずの被曝を強いることとなりました。

事故の収束のために注ぎ込まれた大量の物資は、いずれ大量の放射性廃棄物となります。放出された放射能は、発電所内はもとより所外の震災廃棄物までをも放射性廃棄物に変えました。発電所の内外に、本来なら「管理区域」として、放射線作業従事者の登録をし、適切な装備を身につけた一八歳以上の健康な人しか入れない区域と同等、あるいはそれ以上の汚染地域が生まれました。

これらの「想定外」は、すべて故意による「想定外」であり、原発の「安全神話」が産みだしたものと言えるでしょう。その罪は、きわめて重いものです。

事故の原因としては、津波の大きさが強調されています。外部電源は地震による鉄塔倒壊で断たれ、ディーゼル発電機が起動しました。それが津波のために止まり、全電源喪失によって原子炉の冷却ができなくなったというのです。しかし、津波のみを原因とする説にはさまざまな疑問が投げかけられています。福島原発事故の調査・検証を行なっていた政府、国会、東京電力、民間の各調査委員会（事故調）報告が二〇一二年七月までに出揃いましたが、出揃ってわかったのは、肝心なことが何一つわかっていないということでした。事故の原因も、経過も、現状も、放射能がいつ、どれだけ、どうやって放出され、どこに行ったかも、わからないことばかりなのです。事故の調査すらままならないのが原発の大事故だと言えるでしょう。

アフター・ザ・デイ

と、もっともらしいことを書き連ねてきましたが、福島原発事故が起きたとき、他の反原発・脱原発の方々は早くから事故の本質を見抜き、放射能大量放出の警告を発していたのに、私はといえば、ただただ茫然としているだけでした。原発のことより目の前の津波の被害に圧倒されていたのです。原発事故については、大きな災害にならないことをただひたすら願っていました。

後になって知ることですが、津波では宮城県女川町の阿部宗悦さんや福島県浪江町の舛倉隆さんの家が流されていました。舛倉さんはすでに一四年ほど前に亡くなられていました。家の目の前に原発建設準備事務所を建てるといった東北電力のいやがらせや、利益誘導で切り崩しにくる福島県開発公社に抗して「俺には土地を売る権利はある。だが、子や孫の命を売る権利はない」と土地を守り通してきた舛倉さんの闘いは、恩田勝亘著『原発に子孫の命は売れない』

（七つ森書館、一九九一年）がよく伝えています。流されたお宅に寄せていただいたときや東京にこられた時、県や東北電力とのケンカを、そしてそのための勉強を楽しんでいるような、ユーモアたっぷりのお話を何度も聞かせていただいていました。原発とはどんなところかを肌で知るために福島第一原発に下請け作業員として入りこんだりもされています。その福島第一原発の事故で、八キロしか離れていない浪江町は避難地域となり、二〇一三年三月二十八日、東北電力はようやく浪江・小高原発計画の取り止めを発表しました。

阿部さんは反原発運動全国連絡会をつくったときの会長で、先に述べた『はんげんぱつ新聞』創刊準備号のための取材でお会いしたのが、たぶん最初だと思います――と、これも自信がなく、もっと前にお会いしていたかもしれません。いずれにせよ、長くおつきあいをしていただきました。二〇一一年九月十九日に東京・明治公園で開かれた「さようなら原発集会」でお会いできましたが、一二年七月七日に急逝されました。一週間ほど前に電話をいただいたときには、まさに意気軒昂そのものだったことを思えば、ほんとうに急でした。『原子力資料情報室通信』二〇一二年八月号に追悼文を書かせてもらいました。

「無念さは、何より、福島原発の前に原発を止められなかったことにあったろう。そして、大切に保管してきた資料をすべて、家ごと津波に流されてしまった。これまで生き、闘ってきた歴史をまとめている最中のことでもあったのだ。宗悦さんは、事故への憤り、原発を推し進めてきた者たちを告発する檄文をつづることと並行して、なお女川の闘いの記録の執筆にも執念を燃やしていたらしく、なくしてしまった資料のうち、私が以前にもらっていたものをコピーして送り返してくれと、何度も指示があった。

それらが生かされた姿を見られなかったのが辛い。残念である。悲しい。しかし悲しむことは、宗悦さんには似つかわしくない。何としても一日も早く日本中の原発を止めること。それ以外に宗悦さんに捧げられるものはない」。

阿部さんは、とても頑固な原則主義者でした。『はんげんぱつ新聞』の総会で、いかにわかりやすく読者に伝えるかという議論に対して、阿部さんは「必要なことなら、どんなに難しくても私たちは読む」と言い切られたのです。すっと読めるコラムとかがあるとよいという考えには「一面からすべて読む」と。編集者としてはやはりさまざまな工夫をしないわけにいかないけれど、肝心なのは中身だと教わりました。

さて、三月十一日を私は、原子力資料情報室の事務所で、眠れぬままに過ごしました。十二日にはＴＢＳテレビの番組に昼から夜中まで付き合わされたものの、ほとんど「わかりません」としかコメントできず、一日でお役ごめんとなりました。「このまま原発のある社会をつづけてよいか考えてほしい」と言うのがせいぜいでした。伊藤守著『ドキュメント　テレビは原発事故をどう伝えたのか』（平凡社新書、二〇一二年）によれば、次のようなことを言っていたようです。

「ＴＢＳは、十二日の午前から原子力資料情報室共同代表の西尾漠を解説者に迎えて報道する。一三時一八分の段階で、西尾は以下のように発言している。

長峰アナ　この状況をどう判断されますか。解説をお願いします。

西尾　実際どうなのか、まだはっきりしないところもあるのですけれど、言われているとおりだとすると、すでに燃料棒が溶け出している可能性がある。九〇センチ露出しているという表示が出ているということは、非常に憂慮すべき状態にある。一〇キロ圏内避難は、そのこともありうるだろうということを見越して、やっているわけですね。」

当人の記憶だと、もっとはっきりしない言い方しかできなかったようにも思うのですが……。恥ずべきことですが、最初に住民の被曝のニュースに接したときには、間違いではないかと思いました。いや、そう思いたかったのかもしれません。大事故によって脱原発が実現するというのはイヤだとの考えが強くあったのです。事故の深刻さを認めざるをえなくなった後も、忙しさにかまけて、あるいはかまけるふりをして、深刻さから目をそらしていました。

原発事故の恐ろしさを訴えるとき、将来にわたって数十万人の死者が出るといった被害の予測が、しばしば語られます。福島原発で現実に事故が起きて私が思い知らされたのは、そうした考え方が、目の前にある事故の被害を過小評価させかねないということでした。

福島原発事故では、避難した先が汚染されていて、また別の場所に避難するといったことが繰り返される中で、一〇〇人を超すお年寄りや病人が亡くなりました。農場も漁場も工場なども汚染されて、多くの人が仕事の場を失いました。そうしたことを苦にして、何人もの人が自ら命を断ちました。

二〇万人近い人が、故郷を離れて避難せざるをえませんでした。物理的にも精神的にも「故郷」を奪われた、そのこと以上の被害があるだろうか、とも思います。避難先から帰還した人をふくめ、「管理区域」以上の高汚染地域に、乳幼児や妊婦をふくむ四〇万人ほどが生活することを余儀なくされています。避難をした人も残ることを選び取った人も帰還した人も、迷いに迷ったに違いありません。いまも迷っているかもしれません。後になって、判断が間違っていたと悔やむことになるかもしれないのです。そんな判断を、十分な情報も与えられていない一人ひとりが強いられる、その理不尽さこそが原発事故の恐ろしさなのだ、と今、私は考えています。

いわゆる「風化」によって、事故はますます見えにくくなっています。そして事故の被害は、時間が経てば経つほど、「風化」が進めば進むほど、深刻さの度を増すのです。被曝の不安を抱え、それにどう対処するかで悩み続け、悩むことに疲れ、経済的な負担、周りの人々との関係等々を抱え込んで生きる心の被害です。善意さえもが、苦しみをより大きくします。

それは、解決の見えない被害です。いったん事故が起きてしまうと、解決の見えない、解決が難しい問題ばかりになります。もともとは難しくなかったはずのことまで、極端な言葉が飛び交って難しくしてしまいます。被害者の間に、意図せずしてではあれ、無用の対立まで持ち込まれます。それこそが被害、と言ってよいのではないでしょうか。

危ない「平和利用」

もう少し客観的に福島事故後の状況について述べておきましょう。二〇一二年九月十九日、原子力規制委員会が発足し、原子力規制機関の経済産業省からの独立がようやく実現しました。就任したばかりの規制委員長が、直ちに原子力規制庁長官を任命し、委員会の事務局である規制庁も委員会と同時に立ち上がりました。多くが旧原子力安全・保安院からの横滑りです。原子力安全委員会のダブルチェックがなくなり、「公開ヒアリング」制度もなくなりました。原子力安全・保安院と原子力安全委員会が合体・衣替えされて、むしろスムースに審査がすすむだけでは困ります。原子力規制委員会の誕生でめでたしめでたしとは、とてもいかないようです。

懸念の一つは、軍事利用への歯止めです。原子力規制委員会設置法案の成立をめぐって大きな問題となったのは、「我が国の安全保障に資する」という文言が、原子力規制委員会設置法のみならず、附則という姑息な形で原子炉等規制法、そして何より原子力基本法に持ち込まれたことでした。国会答弁で自民党の提案者は「あくまでも我々の思いは、軍事転用をしないという思いで入れさせていただきました」としていますが、韓国では「日本、ついに核武装への道を開く」と報じられるなどしていました。「平和利用の番人」と呼ばれる原子力委員会では、六月二十六日の委員会で近藤駿介委員長は、委員会が二〇一一年九月十三日に決定した「核セキユリティの確保に対する基本的考え方について」が「核セキュリティ対策は我が国全体の包括的な安全保障対策の一部である」と宣言していると説明し、法改正を「極めて自然に合理的に受け止めた」と擁護しました。

しかしこの言い訳は、「軍事転用をしないという思い」と食い違っています。皆が勝手に都合よく解釈できる文言は、やはり削除されるべきでしょう。そうでなければ、さらに別の解釈で物事が進むことにもなりかねません。

また、九州大学大学院の吉岡斉教授は、『科学』二〇一二年九月号の巻頭エッセイで、次の指摘を行ないました。「当面最も懸念されるのは、安全保障を大義名分として、原子力に関する多くの情報が国家秘密のヴェールに覆われ、身元や思想、信条などについて厳格な『検疫』に合格した者だけが、核施設・核物質・核情報にアクセスできる体制がつくられたことである」。

実は原子力委員会も、存在意義をほとんど失っています。上述の基本法改正への対応を見るなら、まさに存在意義はないと言えます。

原子炉の設置許可などの際に、これまでは原子力委員会に平和利用、計画的遂行、経理的基礎のチェックが諮問されていました。そのうち計画的遂行と経理的基礎の諮問は、原子炉等規制法の改正によって外されました。平和利用のチェックだけは残っていますが、「平和利用の確保のための規制」は原子力規制委員会が行なうものとされました。即ち原子力委員会の関与は形式的な諮問に答えること（形式的なものにしてしまった責任は原子力委員会自身にあります。前述

した二〇〇三年十月の原子力委員会との公開討論で、私は「具体的にどんな審査を行なったか」と問いましたが、原子力委員たちの誰一人として答えられませんでした）に限られ、平和利用の担保について「企画し、審議し、及び決定する」権限はなくなるのです。

――と、いったんは書きましたが、迷いも出ています。原子力委員会をなくして行政任せにしてしまうと、原子力政策に何の歯止めもかからなくなるおそれがあります。原子力規制委員会はあくまで安全規制であって、経済性をふくむ政策の合理性や倫理性、社会的合意などを判断できる委員会ではありません。軍事転用の防止すら満足にできていない原子力委員会の実情はともあれ、もう少しきちんと考える必要がありそうです。形式的な平和利用の確認にとどまらず、その担保のための三原則（公開、民主、自主）をきちんとチェックすることこそ、原子力委員会の最大の任務だったのではないでしょうか。

世界がひとつになるまで

二〇一二年九月十四日、当時の野田佳彦政権のエネルギー・環境会議は「革新的エネルギー・環境戦略」を発表しました。仰々しい名前の報告書は、「原発に依存しない社会の一日も早い実現」「グリーンエネルギー革命の実現」と「エネルギーの安定供給」を三本柱として、その実現のために「電力システム改革」を断行、また、省エネルギーや再生可能エネルギーの拡大

で「地球温暖化対策」の着実な実施に結びつけるというご立派な趣旨のものでした。ただ、中身はというと、「原発に依存しない社会の一日も早い実現」とは「二〇三〇年代に原発稼働ゼロを可能とするよう、あらゆる政策資源を投入する」という、はじめから逃げ道が用意されたものでした。使用済み燃料の後始末については、「直接処分の研究に着手する」とした一方、「引き続き従来の方針に従い再処理事業に取り組みながら、今後、政府として青森県を始めとする関係自治体や国際社会とコミュニケーションを図りつつ、責任を持って議論する」と従来の政策が無責任に延命されてしまいました。

「この新たなエネルギー戦略は、『一握りの人々で作る戦略』ではない」「『国民的議論で作る戦略』でなければならない」として、意見公募や意見聴取会のほか、初めて討論型世論調査も行なわれました。その結果、「二〇三〇年代に原発稼働ゼロを可能とするよう」といった書きぶりにせよ、「ゼロ」という言葉をつかわざるをえなくなったのです。反・脱原発派から見れば原発延命であり、揺り戻しへの道を開くものとはいえ、他方でここまで追い込んだ力をさらに強めて再稼働阻止・再停止、そして原発廃絶へと進む道も開かれたと言えます。

そこで二〇一二年十二月二十六日に発足した第二次安倍晋三内閣は、まず、この「戦略」をゼロベースで見直すと宣言しました。まがりなりにも「国民的議論」を経てできあがった政策を、政権が交代しただけで反故にするというのもおかしな話です。とはいえ、いまさら原発推進に戻ることは容易ではないでしょう。『朝日新聞』の投票所出口調査によれば、十二月十六日

の衆院選で自民党に投票した人の八パーセントが「即時ゼロ」、六七パーセントが「徐々にゼロ」を求めていたのです。

福島原発事故の後では、一〇万人を越えるような大きなデモが行なわれるようになりました。でも、大きいことだけがよいことだとも思えません。伊方原発前では福島事故以降、毎月十一日に「二時間の短い時間」の座り込みがつづけられています。参加者は「多いときで一〇人」とか（八幡浜・原発から子どもを守る女の会の斉間淳子さんの報告――『はんげんぱつ新聞』二〇一一年十月号）。青森県弘前市では、チェルノブイリ原発事故のあと、やはり毎月「いつもは三人から一〇人という日本一小さなデモ」がつづけられてきました。福島原発事故後の一一年六月二十五日が二五〇回目で「六一人と子犬一匹というこれまでにない大きなデモ」だった、と放射能から子どもを守る母親の会の中屋敷重子さんが『はんげんぱつ新聞』一一年七月号に書いています。

こうした小さな活動が大きな集会・デモの根っこにあることを、これからも大切にしたいと思います。首相官邸前行動に象徴されるように、主催者の思惑をも超えて、実に多くの人々が、原発のない世の中をめざして自らの思いをあらわしてきています。歴史は確実に動かしていけると信じます。

巻原発計画を白紙撤回させた運動について、『はんげんぱつ新聞』二〇〇四年一月号で、「原発のない住みよい巻町をつくる会」の桑原正史さんは言っていました。「住民は、いつも息をひそめて、みんなが参加できる運動を待っています」と。

日本の反原発運動略年表（１９７０年以後）

住民運動、労働運動、市民運動とも多彩な反原発運動を行なっており、成果も少なくない。ここに載せたのは、そのごく一部である。

１９７０年

3月14日　日本原子力発電敦賀1号が営業運転開始。

11月28日　関西電力美浜1号が営業運転開始。

１９７１年

3月26日　東京電力福島第一1号が営業運転開始。軽水炉時代の幕開け。

10月8日　和歌山県の那智勝浦町議会が、関西電力の原発誘致反対を決議。

１９７２年

3月11日　三重県熊野市議会が中部電力の原発計画拒否決議。

7月15日　新潟県柏崎市荒浜地区で、原発賛否の住民投票。反対が八六・五パーセント。

１９７３年

8月27日　四国電力伊方1号原子炉設置許可取り消し訴訟提訴（全国初）。
10月20日　兵庫県浜坂町議会、関西電力の原発計画反対請願を採択。
11月9日　三菱原子力工業大宮研究所の臨界実験装置を、住民の反対で撤去。

１９７４年

8月25日　青森県むつ市大湊港で原子力船「むつ」出港阻止行動。
9月1日　「むつ」で放射線漏れ。五〇日間帰港できず。

１９７５年

8月24日　京都市で初の反原発全国集会（～26日）。
11月27日　全国初の核燃料搬入阻止闘争。中国電力島根1号への搬入を大幅に遅らす。

１９７７年

10月26日　全国各地で第一回「反原子力の日」行動。電産山口県支部が初の反原発スト。

１９７８年

5月14日　山口県豊北町長選で中国電力の原発計画反対の候補が圧勝。
5月15日　『反原発新聞』創刊。
10月10日　「むつ」佐世保入港阻止行動。
10月26日　電産中国の五県支部が初の反原発スト（９８年12月6日の電産中国解散まで毎年）。

１９７９年

3月28日　米スリーマイル島原発で炉心溶融事故。
4月5日　全国の住民代表らが通産省と徹夜交渉（～6日）。
6月2日　スイス反原発運動協議会の呼びかけで国際同時デモ。日本各地で（～3日）。

6月11日　徳島県阿南市長が原発計画を白紙にと表明。12日には県知事も。16日、そろって四国電力に通知。
6月28日　九州電力株主総会に反原発株主が初参加。以後、各電力会社総会にも。
7月8日　新潟県巻町の東北電力原発計画用地内の共有地に、巻原発反対共有地主会が浜茶屋を建設。
11月26日　原子力安全委員会・日本学術会議主催の「スリーマイル島事故学術シンポジウム」に全国の住民らが抗議行動。

1980年

1月7日　関西電力高浜3、4号増設をめぐる初の公開ヒアリングに抗議行動。以後、ヒアリング開催のたびに抗議。
1月19日　第一回ムラサキツユクサ関係者全国交流集会（～20日）。
3月8日　第一回核燃料輸送反対全国交流集会（～9日）。
9月27日　和歌山県串本町議会が関西電力の古座原発計画に反対決議。
10月25日　中国電力島根2号増設に係る環境影響評価説明会、抗議で流会。
12月3日　東京電力柏崎刈羽2、5号増設をめぐる初の第一次公開ヒアリング阻止行動（～4日）。抗議行動から阻止行動に転換。
12月24日　高知県中土佐町議会が四国電力の窪川原発計画に反対決議。

1981年

3月8日　原発推進の高知県窪川町長リコール（4月19日に帰り咲き）。
9月20日　和歌山県那智勝浦町長選で関西電力の原発計画反対の候補が当選。
10月3日　石川県七尾市で「エネルギー政策の転換を求める住民運動全国集会」（～4日）。

1982年

5月21日　茨城県東海村から福井県敦賀市まで、「もんじゅ」反対の「プルトニウム街道キャラバン」(〜29日)。

7月19日　高知県窪川町議会で、原発設置に係る町民投票条例成立（全国初）。

11月11日　長崎県平戸市長が再処理工場誘致反対を正式表明。

11月26日　浜岡原発からフランスへの使用済み燃料搬出に初の抗議行動。

1983年

2月6日　和歌山県古座町長選で関西電力の原発計画反対の候補が当選。

5月13日　中国電力島根2号増設の公開ヒアリングで、反対派が参加しての抗議行動（〜14日）。

8月27日　京都市で「反原発全国集会1983」(〜28日)。

1984年

9月21日　北海道中川町議会が、幌延高レベル廃棄物施設計画に反対の請願を採択。

11月15日　フランスからのプルトニウム輸送船「晴新丸」の東京港入港に抗議行動。

1985年

9月13日　北海道知事が幌延町での高レベル廃棄物施設計画に反対を表明。

10月9日　北海道苫小牧から東京へ、幌延高レベル廃棄物施設計画反対を訴える「道民の船」(〜11日)。

1986年

4月26日　旧ソ連チェルノブイリ原発で暴走事故。

7月19日　青森県六ケ所村で漁民らが核燃料サイクル施設建設に向けた海洋調査阻止行動。

12月22日　山口県萩市で中国電力の原発計画に反対する市民が計画地中心部の土地を共有登記。

1987年

1月20日　岡山県哲多町議会が放射性廃棄物持ち込み拒否宣言。

5月3日　札幌市で「ノー！ノー！核のゴミ捨て場　女・子供の1000人フェスティバル」。
9月27日　三重県熊野市で四回目の原発拒否決議。
12月26日　違法工事の金具を蒸気発生器に取り付けたまま運転を続けていた大飯2号、美浜3号が、住民の強い要求で停止。

1988年

1月28日　高知県窪川町長が原発誘致断念を表明。翌日、辞職。
2月11日　伊方2号での出力調整試験に四国電力前で抗議行動（～12日）。
3月20日　北海道浜頓別町議会が幌延高レベル廃棄物施設計画反対を決議。
3月20日　窪川町長選で「郷土をよくする会」推薦候補が当選。
3月30日　和歌山県日高町の比井崎漁協が総会で日高原発計画の事前調査受け入れ案を廃案。
3月31日　岡山県哲西町議会が放射性廃棄物持ち込み拒否宣言。
4月23日　東京で「原発とめよう2万人行動」（～24日）。
7月3日　和歌山県日置川町長選で関西電力の原発計画反対の候補が当選。
7月21日　北海道電力泊原発への初装荷燃料搬入に海陸で阻止行動。
9月22日　青森県蓬田村議会が核燃料サイクル施設計画の白紙撤回を求める決議。
12月29日　青森県農協・農業者代表大会が核燃料サイクル施設反対を決議。

1989年

1月26日　中国電力青谷原発計画地内の土地取得を市民団体が公表。
4月9日　青森県六ケ所村で核燃料サイクル施設反対の一万人行動。
5月12日　石川県珠洲市で関西電力の原発計画事前調査を阻止。市民が市役所に泊まり込み（～6月16日）。

7月23日　参院選に「原発いらない人びと」出馬（当選はならず）。青森選挙区では核燃料サイクル施設反対の候補が圧勝。

1990年

4月27日　脱原発法制定請願署名第一次国会提出（二五〇万人分）。
7月20日　北海道議会が幌延高レベル廃棄物施設計画に反対決議。
8月31日　鳥取県東郷町の方面地区自治会と動力炉・核燃料開発事業団が、ウラン残土撤去協定。
10月18日　岡山県議会に三四万人の署名を添えて高レベル廃棄物拒否条例制定を求める請願（11月5日県議会は否決）。
11月9日　大阪府原子炉問題審議会で、京都大学原子炉実験所長が2号炉設置計画の断念を表明。
12月18日　広島県口和町議会が放射性廃棄物持ち込み拒否宣言。
12月25日　高知県窪川町議会が立地調査協定の撤回を決議。

1991年

3月12日　北海道豊富町議会が幌延高レベル廃棄物施設計画に反対する決議。
4月1日　岡山県湯原町議会で全国初の放射性廃棄物持ち込み拒否条例施行。
4月26日　脱原発法制定請願署名第二次国会提出（計三三〇万人分）。
9月27日　青森県六ケ所村で濃縮工場へのウラン初搬入に道路座り込み阻止行動。
12月19日　北海道中頓別町議会が幌延高レベル廃棄物施設計画に反対する決議。
12月20日　岡山県柵原町議会が再処理回収ウランの県内持ち込み拒否決議。
12月24日　福島県相馬地方広域市町村圏組合議会が、福島第一7、8号増設計画に反対の意見書を採択。

1992年

3月11日　福島県相馬市議会が、福島第一7、8号増設計画に反対の意見書を採択。

3月13日　岡山県有漢町議会が再処理回収ウランの県内持ち込み拒否決議。
5月28日　科学技術庁が出した核燃料輸送の情報秘匿通達に対し、全国各地の住民らが撤回申し入れ。
9月21日　北海道浜益町議会の原発対策委が北海道電力の原発誘致断念の報告。
9月28日　岡山県久米南町議会が再処理回収ウランの県内持ち込み拒否決議。
10月10日　志賀1号の試運転入りを前に、石川県志賀町民らが自主避難訓練。
12月27日　茨城県東海村豊岡海岸で、フランスからのプルトニウム輸送船「あかつき丸」の入港監視キャンプ（～93年1月5日）。

1993年

1月5日　「あかつき丸」入港抗議行動。
1月31日　福島県大熊町で「よそにまわすな！放射性廃棄物―六ヶ所と福島を結ぶ集い」。
2月6日　福島第一原発からの放射性廃棄物輸送船出港に抗議行動。六ヶ所村まで三三〇キロの「レインボウ・ウォリアーズ・ラン」も。
2月26日　三重県南島町議会で、原発立地に係る町民投票条例が成立。
3月12日　福井県河野村議会が敦賀3、4号増設計画に反対の申し入れ書を採択。
3月22日　福井県越前町議会が敦賀3、4号増設計画に反対の陳情を採択。
3月24日　宮崎県串間市のJA大束が九州電力の原発立地に反対する決議。
4月28日　青森県六ケ所村で再処理工場着工に抗議行動。
6月26日　東京で第1回「ノーニュークス・アジアフォーラム」（～27日）。
10月5日　宮崎県串間市議会で、原発立地に係る町民投票条例が成立。
10月8日　宮崎県串間市のJA串間市が原発反対決議。
10月20日　鳥取県東郷町方面地区でウラン残土の撤去に着手。

1994年
1月14日　宮崎県串間市のJA市木が原発立地反対を決定。
3月18日　大分県蒲江町議会が九州電力の原発計画反対を決議。

1995年
1月8日　三重県長浜町議会が、芦浜原発計画反対の再確認と環境調査反対を決議。
1月22日　新潟県巻町で、町選管も協力しての自主住民投票。原発反対が九五パーセント。
2月12日　市民と科学技術庁、動燃事業団が「もんじゅ」をめぐり第一回の公開討論。
3月24日　和歌山県日置川町議会が、原発計画を削除した町の長期基本構想案を可決。
3月24日　三重県南島町議会で、環境調査の賛否も町民投票に問う条例が成立。
3月31日　山口県萩市が原発問題対策事務局を廃止。
4月22日　青森県六ヶ所村へのフランスからの返還高レベル廃棄物初搬入に阻止行動。
6月26日　新潟県巻町で、原発計画の賛否を問う住民投票条例が成立。
12月1日　九州電力が串間原発計画の凍結を表明。
12月8日　「もんじゅ」でナトリウム漏洩・火災事故。
12月14日　三重県紀勢町で、原発立地に係る住民投票条例が成立。

1996年
1月21日　新潟県巻町長選で「住民投票を実現する会」の候補者が当選。
5月31日　三重県南島町原発阻止闘争本部（本部長＝町長）が県知事に、芦浜原発に反対する八一万人分（有権者の過半数）の署名を提出。
8月4日　新潟県巻町で、東北電力の原発計画賛否の住民投票。六一パーセント（有権者数の五四パーセント）が反対。

10月31日　電源開発がフルＭＯＸの原発建設を計画している青森県大間町で、炉心から一〇〇メートル内の土地を取得。九七年から「一坪地主」に分筆。

１９９７年

5月17日　七月に7号が営業運転に入ると柏崎刈羽原発が世界最大の原発基地となる新潟県柏崎市で「エネルギー政策の転換を求める反原発全国集会97」(～18日)。

6月15日　山口市で「上関原発いらん!!山口県集会」。地元団体、労働団体、市民団体が初めて共催。

１９９８年

2月22日　原発反対福井県民会議が、原子力安全委員会、科学技術庁、動燃事業団と「もんじゅ事故調査公開討論会」。

4月18日　市民グループと関西電力が、プルサーマル計画をめぐって「ディスカッションのつどい」。

１９９９年

3月29日　北海道、岐阜、岡山の市民団体が「高レベル放射性廃棄物の地層処分に反対する共同声明」。

3月30日　岐阜県土岐市議会で放射性廃棄物の持ち込み禁止条例施行。

5月15日　中国電力による上関原発設置計画に係る環境影響調査の地元説明会、抗議で中止。

8月23日　上関原発計画地で新種の巻貝を確認。その後も環境影響調査の不備を明かす「自然の宝庫」の証拠続々。

9月30日　茨城県東海村ＪＣＯ核燃料加工工場で臨界事故。

12月16日　関西電力が高浜4号用ＭＯＸ燃料の使用中止を決定。市民グループによるデータ捏造の追及に逃げ切れず。

２０００年

2月22日　三重県知事が県議会で芦浜原発計画を白紙に戻すべきと表明。即日、中部電力社長が断念表明。
3月30日　鹿児島県屋久町で放射性廃棄物持ち込み・原子力施設の立地拒否条例施行。
7月6日　鹿児島県西之表市で放射性廃棄物持ち込み拒否条例施行。
9月8日　九州電力の川内3号増設環境影響調査申し入れに対し、鹿児島県庁でダイ・インなどの抗議行動。県庁前で6日から座り込みも。
9月28日　鹿児島県中種子町で放射性廃棄物持ち込み拒否条例施行。
12月26日　鹿児島県上屋久町で放射性廃棄物持ち込み・原子力施設の立地拒否条例施行。
12月26日　新潟県刈羽村議会で、プルサーマルの賛否を問う住民投票条例が成立。

2001年
3月23日　鹿児島県十島村で放射性廃棄物持ち込み拒否条例施行。
5月27日　新潟県刈羽村住民投票で有効投票の五四パーセント（有権者数の四七パーセント）がプルサーマル反対。
6月5日　「もんじゅ」の廃炉を求める署名の第一次七七万人分を内閣官房長官に提出。
11月18日　推進派が仕掛けた三重県海山町での住民投票で、原発反対が有効投票の六七・五パーセント（有権者数の六〇パーセント）。

2002年
8月29日　東京電力のトラブル隠し発覚。
10月11日　福島県議会が、プルサーマル計画の白紙撤回などを盛り込んだ意見書、新潟県議会が柏崎刈羽原発の全基停止を求める意見書をそれぞれ採択。

2003年
1月27日　名古屋高裁金沢支部が、「もんじゅ」設置許可の無効確認判決（2005年5月30日最高裁で逆転)。

4月15日　東京電力の原発一七基がすべて停止(5月6日に柏崎刈羽6号が再開するまで)。

6月7日　東京で「原発やめよう全国集会2003」。全国五二基中二九基が停止中。

6月13日　台湾の第四原発に向けた原発機器の積み出しに対し、呉港で海上抗議(04年7月2日にも)。

9月18日　石川県輪島市議会が、珠洲原発計画撤回を求める意見書採択。

12月5日　関西・中部・北陸電力が、珠洲原発計画「凍結」を石川県珠洲市に申し入れ。

12月24日　東北電力が巻原発計画の撤回を発表。

2004年

2月4日　東北電力が巻原発計画の設置許可申請を取り下げ。

7月2日　島根県西ノ島町で放射性廃棄物持ち込み・原子力施設の立地拒否条例施行。

10月1日　「もんじゅ」の廃炉を求める署名の第二次分を原子力委員長に提出。計九四万人分。

2005年

3月25日　宮崎県南郷町で放射性廃棄物持ち込み・原子力施設の立地拒否条例施行。

3月30日　鹿児島県笠沙町で放射性廃棄物持ち込み・原子力施設の立地拒否条例施行。

11月16日　六ヶ所再処理工場の12月試運転入りを中止させるため、青森の市民グループが資源エネルギー庁前で座り込み(~18日)。政府と青森県に宛て六五万人分の署名提出。19日には全国集会。日本原燃は18日、試運転開始予定を2月に延期。

2006年

2月9日　京都府京丹後市が関西電力に久美浜原発計画の撤回を申し入れ。

3月8日　関西電力が計画撤回を回答。

3月24日　金沢地裁で志賀2号運転差し止め判決(09年3月18日高裁で逆転)。

8月10日　鳥取県湯梨浜町（旧東郷町）方面地区に残っていたウラン残土の撤去開始。

2007年

2月17日　岡山市で「岡山で話そうや！原発のゴミ・全国交流集会」（〜18日）。

3月19日　長崎県対馬市議会が高レベル廃棄物処分場誘致反対決議。

3月20日　宮城県大郷町議会が研究所等廃棄物処分場誘致反対決議。

4月5日　高知県東洋町で、高レベル廃棄物処分場候補地に独断で応募した町長が、リコールを避けて辞任。

4月22日　東洋町長選で、返り咲きを狙った前町長に大差をつけて応募反対の候補が当選。翌日、応募取り下げ。

5月21日　東洋町で放射性物質等持ち込み拒否条例施行。

6月20日　鹿児島県宇検村で放射性廃棄物等持ち込み拒否条例施行。

7月16日　中越沖地震。柏崎刈羽原発全七基停止。

11月24日　新潟県柏崎市で「おやすみなさい柏崎刈羽原発」集会。

12月22日　中部電力が浜岡1、2号の廃炉を決定。

2009年

10月3日　東京で「NO NUKES FESTA2009」。

2010年

9月日　上関原発計画地で海面埋め立て阻止行動（11年3月15日中国電力が工事中断を表明）。

2011年

3月11日　東日本大震災。福島第一1〜4号でメルトダウン・水素爆発事故。

3月22日　福島県川俣町議会が県内全原発の廃止などを求める意見書採択。

4月10日　「素人の乱」呼びかけの東京・高円寺デモに一万五〇〇〇人が参加。
4月20日　九州電力本社前で座り込み開始。
5月6日　菅首相が浜岡原発全三基の一時停止を中部電力に要請。14日に全基停止。
5月27日　山口県周南市議会が、上関原発計画中止を中国電力に申し入れるよう知事に求める意見書を採択。
6月9日　福井県小浜市議会が、原発からの脱却を求める意見書採択。
6月11日　市民団体呼びかけによる全国・全世界同時行動「脱原発一〇〇万人アクション」。東京・新宿アルタ前に三万人。
8月5日　大分県国東市議会が、四〇キロ圏の上関原発計画中止を求める意見書採択。
9月11日　経済産業省前に「脱原発テント」設置。
9月19日　東京で「さようなら原発集会」に六万人が参加。
9月26日　静岡県牧之原市議会が、浜岡原発の永久停止を求める決議。
11月17日　原発震災を防ぐ全国署名が一〇〇万筆を超え、経産大臣宛てに提出。
12月5日　福島県南相馬市議会が、県内全原発の廃炉と浪江・小高原発計画中止を求める決議。
12月8日　静岡県富士市議会が浜岡原発の廃炉を求める意見書採択。以後、県内市町村議会で意見書や決議続々。
12月9日　北海道稚内市議会が、高レベル処分場調査拒否の意見書採択。
12月21日　福島県浪江町議会が、県内全原発の廃炉を求める決議と浪江・小高原発誘致撤回決議。
12月28日　福島県が復興計画で、県内全原発の廃炉求める。

２０１２年

1月14日　横浜市で「脱原発世界会議」(〜15日)。

2月11日　福島市で「放射能からいのちを守る全国サミット」。
3月11日　福島県郡山市で「原発いらない！福島県民大集会」。
3月13日　宮城県岩沼市議会が、女川原発の再稼働を行なわないよう求める意見書採択。
3月15日　茨城県つくば市議会、筑西市議会が、東海第二原発の廃炉を求める意見書採択。以後、県内の多くの市町村議会で意見書や決議。
3月20日　全国の中小企業経営者らが脱原発のネットワーク設立。
3月21日　新潟県湯沢町議会が、柏崎刈羽原発の再稼働を認めない決議。
3月29日　首相官邸前抗議行動、始まる。次週からは主に金曜日。国会包囲や全国各地の金曜日行動などに波及。
4月19日　東京電力が福島第一原発1～4号を廃止。
5月5日　国内全原発が停止（7月5日大飯3号の発電再開まで）。
6月11日　福島県民一三二四人が東京電力の幹部らを業務上過失致傷などで告訴・告発。
6月12日　「さようなら原発」署名約七五〇万筆を衆院議長に提出（6月15日官房長官にも）。
6月13日　福島県南相馬市議会が、国内全原発の再稼働に反対する意見書採択。
6月30日　大飯原発ゲート前で再稼働阻止行動（～7月2日）
7月16日　東京で「さようなら原発集会」。一七万人参加。
8月10日　福島県いわき市議会が、県内全原発の廃炉を求める請願を採択。
8月22日　「脱原発法制定全国ネットワーク」設立。
9月7日　脱原発基本法案を衆院に提出（解散で廃案）。
10月20日　女川原発から三〇キロ圏の宮城県美里町で、町が後援し再稼働反対の町民大集会。
11月15日　全国各地の一万三二六二人が東電幹部らを告訴・告発。

12月16日　衆院選で、自民党を含め多くの立候補者が脱原発を表明。結果として争点にならず。
12月25日　鹿児島県南大隅町で放射性物質等受け入れ、原子力関連施設立地拒否条例施行。

2013年

3月　全国・全世界各地で脱原発アクション。
3月11日　脱原発基本法案を参院に提出。
3月28日　東北電力が浪江・小高原発の建設計画を中止。
4月15日　「原子力市民委員会」設立。
7月21日　参院選。みどりの風、緑の党が出馬（当選者なし）。東京選挙区で山本太郎（無所属）、吉良よし子（共産党）当選。
8月29日　福島第一、第二原発立地四町の町長・町議会議長による原発所在町協議会が、県内全原発の廃炉を国と東京電力に求める方針を確認。
9月15日　再び国内全原発が停止。

＊日本の反・脱原発人名のみ、名前が出てくるだけの人も掲載しました。

●人名

【サ行】

【タ行】

【ナ行】

【ハ行】

さくいん

●事項

[著者略歴]

西尾漠（にしお　ばく）

NPO法人・原子力資料情報室共同代表。『はんげんぱつ新聞』編集長。1947年東京生まれ。東京外国語大学ドイツ語学科中退。電力危機を訴える電気事業連合会の広告に疑問をもったことなどから、原発の問題にかかわるようになって40年。主な著書に『原発を考える50話』（岩波ジュニア新書）、『脱！プルトニウム社会』『エネルギーと環境の話をしよう』（七つ森書館）、『プロブレムＱ＆Ａなぜ脱原発なのか？［放射能のごみから非浪費型社会まで］』、『プロブレムＱ＆Ａどうする？ 放射能ごみ［実は暮らしに直結する恐怖］』『プロブレムＱ＆Ａむだで危険な再処理［いまならまだ止められる］』『プロブレムＱ＆Ａ原発は地球にやさしいか［温暖化防止に役立つというウソ］』『なぜ即時原発廃止なのか』（緑風出版）など。

歴史物語《れきしものがた》り
私《わたし》の反原発切抜帖《はんげんぱつきりぬきちょう》

2013年11月20日　初版第1刷発行　　定価2000円＋税

著　者　西尾　漠©
発行者　高須次郎
発行所　緑風出版
〒113-0033　東京都文京区本郷2-17-5　ツイン壱岐坂
［電話］03-3812-9420　［FAX］03-3812-7262［郵便振替］00100-9-30776
［E-mail］info@ryokufu.com［URL］http://www.ryokufu.com/

装　幀　斎藤あかね　　カバー写真提供　今井明
制　作　R 企 画　　印　刷　シナノ・巣鴨美術印刷
製　本　シナノ　　用　紙　大宝紙業・シナノ　　E1200

ISBN978-4-8461-1321-6　C0036